中国水利统计年鉴2021

 中华人民共和国水利部 编

中国水利水电出版社
www.waterpub.com.cn
·北京·

图书在版编目（CIP）数据

中国水利统计年鉴. 2021 / 中华人民共和国水利部
编. -- 北京：中国水利水电出版社，2021.9
ISBN 978-7-5170-9991-8

Ⅰ. ①中… Ⅱ. ①中… Ⅲ. ①水利建设－统计资料－
中国－2012－年鉴 Ⅳ. ①F426.9-54

中国版本图书馆CIP数据核字(2021)第194029号

责任编辑　李金玲　王　菲

书　　名	中国水利统计年鉴2021 ZHONGGUO SHUILI TONGJI NIANJIAN 2021
作　　者	中华人民共和国水利部　编
出版发行	中国水利水电出版社 （北京市海淀区玉渊潭南路1号D座　100038） 网址：www.waterpub.com.cn E-mail：sales@waterpub.com.cn 电话：(010) 68367658（营销中心）
经　　售	北京科水图书销售中心（零售） 电话：(010) 88383994、63202643、68545874 全国各地新华书店和相关出版物销售网点
排　　版	中国水利水电出版社微机排版中心
印　　刷	涿州市星河印刷有限公司
规　　格	210mm×297mm　16开本　13.75印张　605千字
版　　次	2021年9月第1版　2021年9月第1次印刷
印　　数	0001—1000册
定　　价	**168.00元**

凡购买我社图书，如有缺页、倒页、脱页的，本社营销中心负责调换

《中国水利统计年鉴2021》

编委会和编写人员名单

《China Water Statistical Yearbook 2021》
Editorial Board and Editorial Staff

编 者 说 明

一、《中国水利统计年鉴 2021》系统收录了 2020 年全国和各省、自治区、直辖市的水资源、水环境、水利建设投资、水利工程设施、水电等方面的统计数据，以及中华人民共和国成立以来的全国主要水利统计数据，是一部全面反映中华人民共和国水利发展情况的资料性年刊。

二、本年鉴正文内容分为 9 个篇章，即江河湖泊及水资源、江河治理、农业灌溉、供用水、水土保持、水利建设投资、农村水电、水文站网、从业人员情况。为方便读者使用，各篇章前均设有简要说明，概述本篇章的主要内容、数据来源、统计范围、统计方法以及历史变动情况。篇末附有主要统计指标解释。

三、本年鉴的全国性统计数据，如未作特殊说明均不包括香港特别行政区、澳门特别行政区和台湾省数据。2012 年水库数量、水闸数量、机电井数量、堤防长度、灌溉面积、灌区、水土保持治理面积等主要指标数据已与 2011 年第一次全国水利普查数据衔接，2013 年节水灌溉面积数据已与 2011 年第一次全国水利普查数据衔接。

四、本年鉴在编辑上采用了以下方法。

（1）部分统计资料从 1949 年至 2020 年均被记录，但一些年份指标数据由于历史记录不详没有收录。

（2）分省统计资料均按当年各省级行政区域范围收集，行政区域范围变化后没有调整统计资料。例如：四川省的资料，在重庆市划出前，包括在内。

（3）部分统计资料按流域或水资源一级分区分组。

（4）历史数据基本保持原貌，未作改动。

（5）部分指标未单列新疆生产建设兵团数据，其数据含在"新疆"的数据中。

五、所使用的计量单位，大部分采用国际统一法定标准计量单位，小部分沿用水利统计惯用单位。

六、部分数据合计数量由于数字位数取舍而产生的计算误差，均未作调整。

七、凡带有续表的资料，有关注释均列在第一张表的下方。

八、符号使用说明：各表中的"空格"表示该项统计指标数据不足本表最小单位数、数据不详或无该项数据；"#"表示其中主要项；"*"或数字标示（如①等）表示本表下有注解。

EDITOR'S NOTES

A. *China Water Statistical Yearbook 2021*, as an annual report that contains comprehensive information on various activities of water resources development in the People's Republic of China, has systematically collected a wide range of statistical data of water resources, water environment, investments of water project construction, water schemes and infrastructures, and hydropower development etc. of the whole country and of each province, autonomous region and municipality directly under the administration of Central Government in 2020. In addition, the Yearbook provides main statistical information on water resources since the founding of the People's Republic of China in 1949.

B. The Yearbook include nine chapters:

1. Rivers, lakes and water resources
2. River regulation
3. Agricultural irrigation
4. Water supply and utilization
5. Soil and water conservation
6. Investments in water project construction
7. Rural hydropower
8. Hydrological network
9. Employees

To help readers clearly understand the statistical data, a brief introduction is given before each chapter, making a briefing on main contents, data sources, statistical scope and method, and historical changes. Moreover, explanations of main statistical indices are made at the end of each chapter.

C. In the Yearbook, if no special explanation, the national statistics excludes those of Hong Kong Special Administrative Region, Macao Special Administrative Region and Taiwan Province. The number of reservoir, sluice and gate, length of embankment, irrigated area, irrigation district, electro-mechanical wells and soil and conservation area in 2012 were integrated with the data of First National Water Census in 2011. The water-saving irrigated area in 2013 was integrated with the data of First National Water Census in 2011.

D. Following methodologies are adopted when statistical data of the Yearbook is produced:

1. Some statistical data are collected from 1949 to 2020, but a number of indicative data of some year are excluded because of incomplete historical records.

2. Statistical data of each province is collected according to the administrative division of that year, and no adjustment is made after the changes of division of administrative scope. For example, the data of Chongqing should be covered by Sichuan Province before Chongqing became the municipality directly under the central government.

3. Some statistical data are grouped based on river basins or Grade-I water resources regions.

4. Historical data are kept unchanged.

5. Statistical data of Xinjiang cover that of the Xinjiang Production and Construction Corps.

E. Metric System is commonly applied for most of the data in the Yearbook as the unit of measurements, but in a few circumstances, units that widely used locally are adopted.

F. No automatic adjustment is made for calculation error of some total figures herein as a result of the dropping of a certain digit.

G. Where statistical data has continued table, the relevant annotations is listed at the bottom of the first table continued.

H. Notes on symbol-use: the space in tables of the Yearbook means that index data are less than the required minimum, or not quite clear or not available; # represents the main item; * or ① means that there are annotations at the bottom of the table.

目 录

CONTENTS

2 江河治理
River Regulation

简要说明
Brief Introduction

3　农业灌溉
Agricultural Irrigation

简要说明
Brief Introduction

4 供用水
Water Supply and Utilization

简要说明
Brief Introduction

5 水土保持
Soil and Water Conservation

简要说明

Brief Introduction

6 水利建设投资
Investments in Water Project Construction

简要说明

Brief Introduction

7　农村水电
Rural Hydropower

简要说明

Brief Introduction

8　水文站网
Hydrological Network

9　从业人员情况
Employees

1 江河湖泊及水资源

Rivers，Lakes and Water Resources

简 要 说 明

　　江河湖泊及水资源统计资料包括主要江河、湖泊、自然资源与水资源的状况，降水量、水资源量、水旱灾害及水质等。

　　1. 自然状况包括国土、气候等资料，国土和气候资料来源于《中国统计年鉴2011》和《中国统计年鉴2012》。

　　2. 降水量资料按照水资源一级分区和地区整理。

　　3. 水资源量资料汇总了1997年以来的数据，按水资源一级分区和地区整理。

　　4. 主要河流、内陆水域、湖泊资料按照主要河流水系整理。

　　5. 河流水质、湖泊水质资料按水资源一级分区整理。

　　6. 主要江河年径流量为50年平均值。

Brief Introduction

Statistical data of rivers, lakes and water resources provides information on main rivers and lakes, conditions of natural resources and water resources, precipitation, availability of water resources, flood or drought disasters, water quality, etc.

1. Natural resources conditions cover the data of national land and climate that are sourced from *China Statistical Yearbook 2011* and *China Statistical Yearbook 2012*.

2. Precipitation data is sorted according to regions and Grade-I water resources regions.

3. Data of availability of water resources, collected since 1997, is classified according to regions and Grade-I water resources regions.

4. Data of main rivers, inland water bodies and lakes is classified according to main watersheds.

5. Data of water quality in rivers and water quality in lakes is classified according to Grade-I water resources regions.

6. Mean annual runoff of main rivers refers to the average annual value of past 50 years.

1-1 河流数量与长度

Number and Length of Rivers

地 区	Region	流域面积 50km² 及以上河流 Drainage Area up to 50km² and above		流域面积 100km² 及以上河流 Drainage Area up to 100km² and above		流域面积 1000km² 及以上河流 Drainage Area up to 1000km² and above		流域面积 10000km² 及以上河流 Drainage Area up to 10000km² and above	
		数量/条 Number/unit	长度/千米 Length/km	数量/条 Number/unit	长度/千米 Length/km	数量/条 Number/unit	长度/千米 Length/km	数量/条 Number/unit	长度/千米 Length/km
合 计	**Total**	**45203**	**1508490**	**22909**	**1114630**	**2221**	**386584**	**228**	**132553**
北 京	Beijing	127	3731	71	2845	11	1035	2	417
天 津	Tianjin	192	3913	40	1714	3	265	1	102
河 北	Hebei	1386	40947	550	26719	49	6573	10	2575
山 西	Shanxi	902	29337	451	21219	53	7606	7	3000
内蒙古	Inner Mongolia	4087	144785	2408	113572	296	42621	40	14735
辽 宁	Liaoning	845	28459	459	21587	48	7585	10	2869
吉 林	Jilin	912	32765	497	25386	64	9963	18	5102
黑龙江	Heilongjiang	2881	92176	1303	65482	119	23959	21	10294
上 海	Shanghai	133	2694	19	758	2	83	2	83
江 苏	Jiangsu	1495	31197	714	19552	15	1649	4	672
浙 江	Zhejiang	865	22474	490	16375	26	3927	3	975
安 徽	Anhui	901	29401	481	21980	66	7937	8	1641
福 建	Fujian	740	24629	389	18051	41	5697	5	1719
江 西	Jiangxi	967	34382	490	25219	51	8199	8	2474
山 东	Shandong	1049	32496	553	23662	39	4896	4	1120
河 南	Henan	1030	36965	560	27910	64	10161	11	3347
湖 北	Hubei	1232	40010	623	28949	61	9182	10	3232
湖 南	Hunan	1301	46011	660	33589	66	10441	9	3957
广 东	Guangdong	1211	36559	614	25851	60	7668	6	1635
广 西	Guangxi	1350	47687	678	35182	80	13011	7	4062
海 南	Hainan	197	6260	95	4397	8	1199		
重 庆	Chongqing	510	16877	274	12727	42	4869	7	1441
四 川	Sichuan	2816	95422	1396	70465	150	26948	20	10649
贵 州	Guizhou	1059	33829	547	25386	71	10261	10	3176
云 南	Yunnan	2095	66856	1002	48359	118	20245	17	7388
西 藏	Tibet	6418	177347	3361	131612	331	43073	28	12042
陕 西	Shaanxi	1097	38469	601	29342	72	10443	12	4134
甘 肃	Gansu	1590	55773	841	41932	132	17434	21	6587
青 海	Qinghai	3518	114060	1791	81966	200	28073	27	9888
宁 夏	Ningxia	406	10120	165	6482	22	2226	5	926
新 疆	Xinjiang	3484	138961	1994	112338	257	44219	29	16479

注 1. 本表数据来源于 2011 年第一次全国水利普查成果。

　2. 由于同一河流流经不同省（自治区、直辖市）时重复统计，故 31 个省（自治区、直辖市）河流数量、河流长度加总大于同标准河流数量、河流长度的合计数。本表合计数为剔重后的数据，《中国水利统计年鉴 2017—2020》中的合计数未剔重。

Notes 1. The data used in this table are sourced from the First National Water Census in 2011.

　2. The total number of rivers in 31 provinces (autonomous regions and municipalities) in the Yearbook is larger than that of the actual rivers because of repetitive calculation of same rivers that flow across more than one province (autonomous regions and municipalities), and the total length of rivers is also larger than that of the actual rivers. The total doesn't include duplication data in this table. The total includes duplication data in *China Water Statistical Yearbook 2017-2020*.

1-2 七大江河基本情况

General Conditions of Seven Major Rivers

流域 River Basin	流域面积 /平方千米 Drainage Area /km²	多年平均 Mean Average						
		径流量 /亿立方米 Mean Annual Runoff /10⁸m³	人口 /亿人 Population /10⁸ persons	耕地 /千公顷 Cultivated Land /10³ha	人均占有年径流量 /立方米每人 Annual Runoff per Capita /(m³/person)	耕地亩均占有年径流量 /立方米 Annual Runoff per mu of Cultivated Land /m³	粮食总产量 /万吨 Total Yield of Grain Production /10⁴t	播种面积平均亩产 /千克 Average Yield per mu of Planting Area /kg
长 江 Yangtze River	1808500	9280	3.79	23467	2449	2636	14334.42	279
黄 河 Yellow River	794712	628	0.92	12133	683	345	2757.98	160
松花江 Songhua River	557180	733	0.51	10467	1437	467	2920.97	224
辽 河 Liaohe River	228960	126	0.34	4400	371	191	1770.64	308
珠 江 Pearl River	453690	3360	0.82	4667	1098	4800	2195.58	236
海 河 Haihe River	263631	288	1.10	11333	262	169	3731.24	221
淮 河 Huaihe River	269283	611	1.42	12333	430	330	6122.13	247

注 1. 本表数据来源于《四十年水利建设成就——水利统计资料（1949—1988）》。

   2. 黄河流域面积包含内流区 42269km²。

Notes 1. The data are sourced from *Achievements of Water Construction in 40 Years—Water Statistical Data (1949-1988)*.

   2. The Yellow River drainage area includes the endorheic basin of 42269km².

1-3 主 要 江 河 年 径 流 量
Annual Runoff of Major Basins

水 系 Water System	河 名 River	集水面积 /平方千米 Catchment Area /km²	河长 /千米 Length of River /km	多年平均 Average Annual Value		
				年径流量 /亿立方米 Annual Runoff /10⁸m³	年径流深 /毫米 Depth of Annual Runoff /mm	年均流量 /立方米每秒 Mean Annual Runoff /(m³/s)
黑龙江 Heilong River	松花江 Songhua River	557180	2308	733	134	2320
	嫩江 Nenjiang River	282748	1369	225	80	713
	第二松花江 Second Songhua River	78723	799	165	210	517
	牡丹江 Mudan River	37023	726	84	228	267
辽河 Liaohe River	辽河 Liaohe River	228960	1390	126	55	400
	浑河 Hunhe River	11481	415	29	248	90
	太子河 Taizi River	13883	413	36	264	114
辽宁沿海 Coastal Rivers of Liaoning Province	大凌河 Daling River	23549	397	21	89	66
海滦河 Hai-Luan Rivers	滦河 Luanhe River	44750	877	48	109	152
	海河 Haihe River	263631	1090	228	87	723
	潮白河 Chaobai River	19559	467	19	109	61
	永定河 Yongding River	50830	681	20	45	65
	大清河 Daqing River	39244	483	44	113	140
	子牙河 Ziya River	46300	751	44	95	139
	漳卫南运河 Zhangweinan Canal	37200	959	42	128	133
黄河 Yellow River	黄河 Yellow River	752443	5464	628	84	1990
	洮河 Taohe River	25527	673	53	2080	168
	湟水 Huangshui River	32863	374	50	153	159
	无定河 Wuding River	30261	491	15	48	46
	汾河 Fenhe River	39471	694	27	67	84

注 本表数据来源于《四十年水利建设成就——水利统计资料（1949—1988）》。

Note The data are sourced from *Achievements of Water Construction in 40 Years—Water Statistical Data (1949-1988)*.

1-3 续表 continued

| 水 系
Water System | 河 名
River | 集水面积
/平方千米
Catchment
Area
/km² | 河长
/千米
Length of
River
/km | 多年平均 Average Annual Value | | |
				年径流量 /亿立方米 Annual Runoff /10⁸m³	年径流深 /毫米 Depth of Annual Runoff /mm	年均流量 /立方米每秒 Mean Annual Runoff /(m³/s)
黄河 Yellow River	渭河 Weihe River	134766	818	104	77	330
	伊洛河 Yiluo River	18881	447	35	184	110
	沁河 Qinhe River	13532	485	18	136	58
淮河 Huaihe River	淮河 Huaihe River	269283	1000	611	231	1940
	淮河水系 Huaihe River Water System	188497	1000	443	235	1400
	颍河 Yinghe River	39890	557	59	149	188
	史河 Shihe River	6850	211	35	511	111
	淠河 Pihe River	6450	248	39	601	123
	沂河 Yihe River	10315	220	34	331	108
	沭河 Shuhe River	6161	206	19	300	59
长江 Yangtze River	长江 Yangtze River	1808500	6300	9280	513	29460
	金沙江 Jinsha River	473242	2920	1520	321	4820
	雅砻江 Yalong River	128444	1190	586	456	1860
	岷江 Minjiang River	135868	711	921	678	2918
	嘉陵江 Jialing River	157928	1120	696	441	2210
	乌江 Wujiang River	87241	1020	530	608	1680
	湘江 Xiangjiang River	94660	856	759	802	2405
	资水 Zishui River	81422	653	239	849	759
	沅江 Yuanjiang River	89164	1033	667	748	2114
	澧水 Lishui River	18496	388	165	892	523
	汉江 Hanjiang River	159000	1565	557	350	1761
	赣江 Ganjiang River	80948	744	664	820	2105
	抚河 Fuhe River	15811	276	147	930	465

水 系 Water System	河 名 River	集水面积 /平方千米 Catchment Area /km²	河长 /千米 Length of River /km	多年平均 Average Annual Value		
				年径流量 /亿立方米 Annual Runoff /10⁸m³	年径流深 /毫米 Depth of Annual Runoff /mm	年均流量 /立方米每秒 Mean Annual Runoff /(m³/s)
珠江 Pearl River	柳江 Liujiang River	58270	775	527	904	1670
	北江 Beijiang River	46710	468	510	1092	1620
	东江 Dongjiang River	27010	520	257	950	815
韩江 Hanjiang River	韩江 Hanjiang River	30100	470	261	867	828
海南岛诸河 Rivers in Hainan Island	南渡河 Nandu River	7176	311	70	977	222
浙闽诸河 Rivers in Zhejiang and Fujian	钱塘江 Qiantang River	12156	428	364	874	1160
	瓯江 Oujiang River	17859	388	189	1058	599
	闽江 Minjiang River	60992	541	586	961	1870
河西内陆河 Inland Rivers of Hexi Corridor Region	昌马河 Changma River	13405	320	10	74	32
	黑河 Heihe River	10009	303	16	155	49
新疆内陆河 Inland Rivers of Xinjiang	乌伦古河 Wulungu River	32040	821	11	33	34
青海内陆河 Inland Rivers of Qinghai	格尔木河 Golmud River	18648	227	8	40	24

1-4 河流流域面积
Drainage Area of Basins

流域名称	River	流域面积 /平方千米 Drainage Area /km²	占外流河、 内陆河流域 面积合计 /% Percentage to Total /%
合计	**Total**	**9548617**	**100.00**
外流河	**Out-flowing Rivers**	**6192866**	**64.49**
黑龙江及绥芬河	Heilong River and Suifen River	934802	9.83
辽河、鸭绿江及沿海诸河	Liaohe River, Yalu River and Coastal Rivers	314146	3.30
海滦河	Hai-Luan Rivers	320041	3.37
黄河	Yellow River	794712	8.32
淮河及山东沿海诸河	Huaihe River and Coastal Rivers in Shandong	330009	3.47
长江	Yangtze River	1782715	18.75
浙闽台诸河	Rivers in Zhejiang, Fujian and Taiwan	244574	2.57
珠江及沿海诸河	Pearl River and Coastal Rivers	578974	6.09
元江及澜沧江	Yuanjiang River and Lancang River	240389	2.53
怒江及滇西诸河	Nujiang River and Rivers in West Yunnan	157392	1.66
雅鲁藏布江及藏南诸河	Yarlung Zangbo River and Rivers in South Tibet	387550	4.08
藏西诸河	Rivers in West Tibet	58783	0.62
额尔齐斯河	Irtysh River	48779	0.51
内陆河	**Inland Rivers**	**3355751**	**35.30**
内蒙古内陆河	Inland Rivers in Inner Mongolia	311378	3.28
河西内陆河	Inland Rivers in Hexi Corridor Region	469843	4.94
准噶尔内陆河	Inland Rivers in Junggar Basin	323621	3.40
中亚细亚内陆河	Inland Rivers in Central Asia	77757	0.82
塔里木内陆河	Inland Rivers in Tarim Basin	1079643	11.36
青海内陆河	Inland Rivers in Qinghai	321161	3.38
羌塘内陆河	Inland Rivers in Qiangtang	730077	7.68
松花江、黄河、藏南闭流区	Closed-Drainage Area of Songhua River, Yellow River and Rivers in Southern Tibet	42271	0.44

注　本表数据为 2002—2005 年进行的第二次水资源评价数据。

Note　The data in this table are sourced from the second water resources evaluation between 2002 and 2005.

1-5 全国主要湖泊
Key Lakes in China

湖 名 Lake	主 要 所 在 地 Main Location	湖泊面积 /平方千米 Area /km²	湖水贮量 /亿立方米 Storage /10⁸m³
青海湖 Qinghai Lake	青海 Qinghai	4200	742
鄱阳湖 Poyang Lake	江西 Jiangxi	3960	259
洞庭湖 Dongting Lake	湖南 Hunan	2740	178
太湖 Taihu Lake	江苏 Jiangsu	2338	44
呼伦湖 Hulun Lake	内蒙古 Inner Mongolia	2000	111
纳木错 Namtso Lake	西藏 Tibet	1961	768
洪泽湖 Hongze Lake	江苏 Jiangsu	1851	24
色林错 Selincuo Lake	西藏 Tibet	1628	492
南四湖 Nansi Lake	山东 Shandong	1225	19
扎日南木错 Zharinanmucuo Lake	西藏 Tibet	996	60
博斯腾湖 Bosten Lake	新疆 Xinjiang	960	77
当惹雍错 Dangreyongcuo Lake	西藏 Tibet	835	209
巢湖 Chaohu Lake	安徽 Anhui	753	18
布伦托海 Buluntuohai Lake	新疆 Xinjiang	730	59
高邮湖 Gaoyou Lake	江苏 Jiangsu	650	9
羊卓雍错 Yangzhuoyongcuo Lake	西藏 Tibet	638	146
鄂陵湖 Eling Lake	青海 Qinghai	610	108
哈拉湖 Hala Lake	青海 Qinghai	538	161
阿牙克库木湖 Ayakekumu Lake	新疆 Xinjiang	570	55
扎陵湖 Gyaring Lake	青海 Qinghai	526	47
艾比湖 Aibi Lake	新疆 Xinjiang	522	9
昂拉仁错 Anglarencuo Lake	西藏 Tibet	513	102
塔若错 Taruocuo Lake	西藏 Tibet	487	97
格仁错 Gerencuo Lake	西藏 Tibet	476	71
赛里木湖 Sayram Lake	新疆 Xinjiang	454	210
松花湖 Songhua Lake	吉林 Jilin	425	108
班公错 Bangongcuo Lake	西藏 Tibet	412	74
玛旁雍错 Manasarovar Lake	西藏 Tibet	412	202
洪湖 Honghu Lake	湖北 Hubei	402	8
阿次克湖 Acike Lake	新疆 Xinjiang	345	34
滇池 Dianchi Lake	云南 Yunnan	298	12
拉昂错 Laangcuo Lake	西藏 Tibet	268	40
梁子湖 Liangzi Lake	湖北 Hubei	256	7
洱海 Erhai Lake	云南 Yunnan	253	26
龙感湖 Longgan Lake	安徽 Anhui	243	4
骆马湖 Luoma Lake	江苏 Jiangsu	235	3
达里诺尔 Dalinuoer Lake	内蒙古 Inner Mongolia	210	22
抚仙湖 Fuxian Lake	云南 Yunnan	211	19
泊湖 Pohu Lake	安徽 Anhui	209	3
石臼湖 Shijiu Lake	江苏 Jiangsu	208	4
月亮泡 Yueliangpao Lake	吉林 Jilin	206	5
岱海 Daihai Lake	内蒙古 Inner Mongolia	140	13
波特港湖 Botegang Lake	新疆 Xinjiang	160	13
镜泊湖 Jingpo Lake	黑龙江 Heilongjiang	95	16

注 本表数据来源于《四十年水利建设成就——水利统计资料（1949—1988）》。
Note The data in this table are sourced from *Achievements of Water Construction in 40 Years—Water Statistical Data (1949-1988)*.

1-5 续表 continued

湖 名 Lake	所 在 流 域 River Basin		水 型 Lake Type
	内陆湖区 Inland Lake Region	外流湖区 Out-flowing Lake Region	
青海湖 Qinghai Lake	柴达木区 Qaidam		咸水湖 Saltwater Lake
鄱阳湖 Poyang Lake		长江流域 Yangtze River Basin	淡水湖 Freshwater Lake
洞庭湖 Dongting Lake		长江流域 Yangtze River Basin	淡水湖 Freshwater Lake
太湖 Taihu Lake		长江流域 Yangtze River Basin	淡水湖 Freshwater Lake
呼伦湖 Hulun Lake	内蒙古区 Inner Mongolia		咸水湖 Saltwater Lake
纳木错 Namtso Lake	藏北区 North Tibet		咸水湖 Saltwater Lake
洪泽湖 Hongze Lake		淮河流域 Huaihe River Basin	淡水湖 Freshwater Lake
色林错 Selincuo Lake	藏北区 North Tibet		咸水湖 Saltwater Lake
南四湖 Nansi Lake		淮河流域 Huaihe River Basin	淡水湖 Freshwater Lake
扎日南木错 Zharinanmucuo Lake	藏北区 North Tibet		咸水湖 Saltwater Lake
博斯腾湖 Bosten Lake	甘新区 Gansu-Xinjiang Region		咸水湖 Saltwater Lake
当惹雍错 Dangreyongcuo Lake	藏北区 North Tibet		咸水湖 Saltwater Lake
巢湖 Chaohu Lake		长江流域 Yangtze River Basin	淡水湖 Freshwater Lake
布伦托海 Buluntuohai Lake	甘新区 Gansu-Xinjiang Region		咸水湖 Saltwater Lake
高邮湖 Gaoyou Lake		淮河流域 Huaihe River Basin	淡水湖 Freshwater Lake
羊卓雍错 Yangzhuoyongcuo Lake	藏北区 North Tibet		咸水湖 Saltwater Lake
鄂陵湖 Eling Lake		黄河流域 Yellow River Basin	淡水湖 Freshwater Lake
哈拉湖 Hala Lake	柴达木区 Qaidam		咸水湖 Saltwater Lake
阿牙克库木湖 Ayakekumu Lake	藏北区 North Tibet		咸水湖 Saltwater Lake
扎陵湖 Gyaring Lake		黄河流域 Yellow River Basin	淡水湖 Freshwater Lake
艾比湖 Aibi Lake	甘新区 Gansu-Xinjiang Region		咸水湖 Saltwater Lake
昂拉仁错 Anglarencuo Lake	藏北区 North Tibet		咸水湖 Saltwater Lake
塔若错 Taruocuo Lake	藏北区 North Tibet		咸水湖 Saltwater Lake
格仁错 Gerencuo Lake	藏北区 North Tibet		淡水湖 Freshwater Lake
赛里木湖 Sayram Lake	甘新区 Gansu-Xinjiang Region		咸水湖 Saltwater Lake
松花湖 Songhua Lake		黑龙江流域 Heilong River Basin	淡水湖 Freshwater Lake
班公错 Bangongcuo Lake	藏北区 North Tibet		东淡西咸 Freshwater in the East and Saltwater in the West
玛旁雍错 Manasarovar Lake	藏南区 South Tibet		淡水湖 Freshwater Lake
洪湖 Honghu Lake		长江流域 Yangtze River Basin	淡水湖 Freshwater Lake
阿次克湖 Acike Lake	藏北区 North Tibet		咸水湖 Saltwater Lake
滇池 Dianchi Lake		长江流域 Yangtze River Basin	淡水湖 Freshwater Lake
拉昂错 Laangcuo Lake	藏南区 South Tibet		淡水湖 Freshwater Lake
梁子湖 Liangzi Lake		长江流域 Yangtze River Basin	淡水湖 Freshwater Lake
洱海 Erhai Lake		西南诸河 Southwest Region	淡水湖 Freshwater Lake
龙感湖 Longgan Lake		长江流域 Yangtze River Basin	淡水湖 Freshwater Lake
骆马湖 Luoma Lake		淮河流域 Huaihe River Basin	淡水湖 Freshwater Lake
达里诺尔 Dalinuoer Lake	内蒙古区 Inner Mongolia		咸水湖 Saltwater Lake
抚仙湖 Fuxian Lake		珠江流域 Pearl River Basin	淡水湖 Freshwater Lake
泊湖 Pohu Lake		长江流域 Yangtze River Basin	淡水湖 Freshwater Lake
石臼湖 Shijiu Lake		长江流域 Yangtze River Basin	淡水湖 Freshwater Lake
月亮泡 Yueliangpao Lake		黑龙江流域 Heilong River Basin	淡水湖 Freshwater Lake
岱海 Daihai Lake	内蒙古区 Inner Mongolia		咸水湖 Saltwater Lake
波特港湖 Botegang Lake	甘新区 Gansu-Xinjiang Region		淡水湖 Freshwater Lake
镜泊湖 Jingpo Lake		黑龙江流域 Heilong River Basin	淡水湖 Freshwater Lake

1-6 各地区湖泊个数和面积

Number and Area of Lakes by Region

地区 Region		湖泊数量 /个 Number of Lakes /unit	淡水湖 Freshwater Lake	咸水湖 Saltwater Lake	盐湖 Salt Lake	其他 Others	湖泊面积 /平方千米 Lake Area /km²	淡水湖 Freshwater Lake	咸水湖 Saltwater Lake	盐湖 Salt Lake	其他 Others
合 计	Total	**2865**	**1594**	**945**	**166**	**160**	**78007.1**	**35149.9**	**39205.0**	**2003.7**	**1648.6**
北 京	Beijing	1	1				1.3	1.3			
天 津	Tianjin	1	1				5.1	5.1			
河 北	Hebei	23	6	13	4		364.8	268.5	90.7	5.6	
山 西	Shanxi	6	4	2			80.7	18.8	61.9		
内蒙古	Inner Mongolia	428	86	268	73	1	3915.8	571.6	3101.4	240.0	2.8
辽 宁	Liaoning	2	2				44.7	44.7			
吉 林	Jilin	152	27	39	67	19	1055.2	165.6	486.4	338.9	64.3
黑龙江	Heilongjiang	253	241	12			3036.9	2890.8	146.1		
上 海	Shanghai	14	14				68.1	68.1			
江 苏	Jiangsu	99	99				5887.3	5887.3			
浙 江	Zhejiang	57	57				99.2	99.2			
安 徽	Anhui	128	128				3505.0	3505.0			
福 建	Fujian	1	1				1.5	1.5			
江 西	Jiangxi	86	86				3802.2	3802.2			
山 东	Shandong	8	7	1			1051.7	1047.7	4.0		
河 南	Henan	6	6				17.2	17.2			
湖 北	Hubei	224	224				2569.2	2569.2			
湖 南	Hunan	156	156				3370.7	3370.7			
广 东	Guangdong	7	6	1			18.7	17.5	1.2		
广 西	Guangxi	1	1				1.1	1.1			
海 南	Hainan										
重 庆	Chongqing										
四 川	Sichuan	29	29				114.5	114.5			
贵 州	Guizhou	1	1				22.9	22.9			
云 南	Yunnan	29	29				1115.9	1115.9			
西 藏	Tibet	808	251	434	14	109	28868.0	4341.5	22338.3	1234.7	953.5
陕 西	Shaanxi	5		5			41.1		41.1		
甘 肃	Gansu	7	3	3	1		100.6	22.0	13.6	65.0	
青 海	Qinghai	242	104	125	8	5	12826.5	2516.0	10193.8	103.7	13.0
宁 夏	Ningxia	15	11	4			101.3	57.1	44.3		
新 疆	Xinjiang	116	44	44	2	26	5919.8	2606.8	2682.2	15.8	615.1

注　1. 面积大于或等于 1km²。

　　2. 有 40 个跨省湖泊在分省数据中有重复统计。

　　3. 本表数据来源于 2011 年第一次全国水利普查。

Notes　1. The lake area is larger or equal to 1 km².

　　　2. In the data by regions, 40 trans-provincial lakes are calculated repetitively.

　　　3. The data in this table are sourced from the First National Water Census in 2011.

1-7　2020年各地区降水量与2019年和常年值比较

Comparison of Precipitation in 2020 with 2019 and Normal Year by Region

地区 Region		降水量 /毫米 Precipitation /mm	与2019年比较增减 /% Increase or Decrease Comparing to 2019 /%	与常年值比较增减 /% Increase or Decrease Comparing to Normal Year /%
合　计	**Total**	**706.5**	**8.5**	**10.0**
北　京	Beijing	560.0	10.7	−4.1
天　津	Tianjin	534.4	22.5	−7.0
河　北	Hebei	546.7	23.5	2.8
山　西	Shanxi	561.3	22.5	10.3
内蒙古	Inner Mongolia	311.2	11.3	10.3
辽　宁	Liaoning	748.0	8.8	10.3
吉　林	Jilin	769.1	13.2	26.3
黑龙江	Heilongjiang	723.1	−0.7	35.6
上　海	Shanghai	1554.6	11.9	42.7
江　苏	Jiangsu	1236.0	54.8	24.3
浙　江	Zhejiang	1701.0	−12.8	6.0
安　徽	Anhui	1665.6	78.0	42.0
福　建	Fujian	1439.1	−16.9	−14.2
江　西	Jiangxi	1853.1	8.4	13.1
山　东	Shandong	838.1	49.9	23.3
河　南	Henan	874.3	65.2	13.4
湖　北	Hubei	1642.6	83.8	39.2
湖　南	Hunan	1726.8	15.2	19.1
广　东	Guangdong	1574.1	−21.0	−11.1
广　西	Guangxi	1669.4	4.2	8.6
海　南	Hainan	1641.1	2.9	−6.2
重　庆	Chongqing	1435.6	29.7	21.2
四　川	Sichuan	1055.0	10.7	7.8
贵　州	Guizhou	1417.4	13.7	20.3
云　南	Yunnan	1157.2	14.8	−9.5
西　藏	Tibet	600.6	0.7	5.1
陕　西	Shaanxi	690.5	−9.1	5.2
甘　肃	Gansu	334.4	−7.6	11.0
青　海	Qinghai	367.1	−1.8	26.4
宁　夏	Ningxia	309.7	−10.4	7.3
新　疆	Xinjiang	141.7	−18.9	−8.4

1-8　2020 年各水资源一级区降水量与 2019 年和常年值比较

Comparison of Precipitation in 2020 with 2019 and Normal Year in Grade-I Water Resources Regions

水资源 一级区	Grade-I Water Resources Regions	降水量 /毫米 Precipitation /mm	与 2019 年比较增减 /% Increase or Decrease Comparing to 2019 /%	与常年值比较增减 /% Increase or Decrease Comparing to Normal Year /%
全　国	**Total**	**706.5**	**8.5**	**10.0**
松花江区	Songhua River	649.4	7.6	28.8
辽河区	Liaohe River	589.4	5.6	8.1
海河区	Haihe River	552.4	23.0	3.3
黄河区	Yellow River	507.3	2.1	13.8
淮河区	Huaihe River	1060.9	73.9	26.5
长江区	Yangtze River	1282.0	21.0	18.0
其中：太湖流域	Among Which: Taihu Lake	1543.4	22.3	30.2
东南诸河区	Southeast Rivers	1582.3	−14.2	−4.8
珠江区	Pearl River	1540.5	−5.3	−0.5
西南诸河区	Southwest Rivers	1091.9	7.7	0.5
西北诸河区	Northwest Rivers	159.6	−12.9	−0.8

1-9　2020年主要城市降水量

Monthly Precipitation of Major Cities in 2020

单位：毫米

unit: mm

城市	City	1月 Jan.	2月 Feb.	3月 Mar.	4月 Apr.	5月 May	6月 June	7月 July	8月 Aug.	9月 Sept.	10月 Oct.	11月 Nov.	12月 Dec.	全年 Total of the Year
北京	Beijing	4.7	37.7	11.9	12.7	49.3	35.0	108.5	167.4	71.1	1.8	27.9		528.0
天津	Tianjin	3.4	13.5	13.6	11.8	73.3	46.1	108.9	209.3	191.5	4.7	28.4		704.5
石家庄	Shijiazhuang	9.1	4.5	11.2	14.6	54.7	124.6	128.9	230.5	49.1		30.6	0.3	658.1
太原	Taiyuan	16.1	5.5	9.5	17.4	64.3	14.8	97.5	243.6	38.2	9.3	29.5	1.3	547.0
呼和浩特	Hohhot	4.1		2.7		27.0	30.2	84.1	148.9	59.9	5.3	1.5	0.5	364.2
沈阳	Shenyang	2.0	24.3	10.0	16.4	127.2	46.0	55.7	333.5	82.8	13.0	41.5		752.4
大连	Dalian	4.4	20.6	3.3	19.8	196.8	49.9	102.6	276.7	67.8	34.0	66.4	10.3	852.6
长春	Changchun	5.0	3.6	13.4	20.6	46.4	50.8	69.1	124.0	273.3	21.5	34.3		662.0
哈尔滨	Harbin	3.2	8.3	6.9	6.3	77.6	199.8	116.0	146.1	174.1	13.6	31.0	0.4	783.3
上海	Shanghai	142.7	59.7	95.0	28.1	75.2	306.5	343.1	190.1	183.8	43.4	75.6	11.8	1555.0
南京	Nanjing	75.2	35.5	89.9	70.8	33.7	281.6	271.9	114.3	82.8	64.9	76.8	20.6	1218.0
杭州	Hangzhou	227.6	82.4	154.3	45.9	152.3	384.4	236.6	66.1	222.3	39.9	32.4	21.2	1665.4
合肥	Hefei	102.4	44.5	112.0	19.8	45.2	344.1	529.9	90.7	64.7	63.0	61.9	19.4	1497.6
福州	Fuzhou	28.2	65.2	262.8	63.9	262.6	224.1	81.7	80.0	119.4	5.6	0.5	16.5	1210.5
南昌	Nanchang	215.5	104.5	201.8	98.3	261.0	283.4	664.5	35.0	161.6	40.2	55.7	19.2	2140.7
济南	Ji'nan	29.0	36.9	7.7	36.0	42.9	82.0	75.7	248.5	35.5	10.5	46.4	10.7	661.8
青岛	Qingdao	33.6	39.4	1.6	16.6	133.0	97.1	297.0	378.5	32.3	2.7	55.6	8.5	1095.9
郑州	Zhengzhou	47.7	33.5	5.5	22.3	54.5	129.1	127.0	129.0	51.7	31.1	39.6	8.4	679.4
武汉	Wuhan	113.2	106.9	84.4	45.9	124.3	420.4	553.6	121.0	169.2	173.1	81.9	18.4	2012.3
长沙	Changsha	166.5	135.3	168.9	107.0	194.1	183.2	160.7	68.6	195.5	79.3	24.9	37.0	1521.0
广州	Guangzhou	22.4	124.9	151.6	125.7	545.5	262.7	67.5	226.5	345.0	12.2	4.4	1.9	1890.3
南宁	Nanning	40.8	58.5	182.2	104.9	155.3	119.8	39.4	177.3	103.4	88.8	1.0	1.6	1073.0
桂林	Guilin	84.2	174.8	338.9	199.8	256.0	605.5	339.4	121.6	173.3	31.3	6.2	10.7	2341.7
海口	Haikou	33.2	11.9	16.8	82.6	42.7	105.6	131.2	214.5	118.2	419.9	28.1	14.2	1218.9
重庆（沙坪坝）	Chongqing (Shapingba)	22.2	15.6	62.4	74.9	61.4	209.3	368.8	10.9	175.7	138.4	20.8	22.5	1182.9
成都（温江）	Chengdu (Wenjiang)	13.0	4.2	25.3	25.7	59.5	104.4	101.8	747.2	52.8	60.0	4.2	13.7	1211.8
贵阳	Guiyang	77.8	39.5	22.7	77.7	197.8	208.5	290.7	48.0	286.6	96.1	18.0	17.1	1380.5
昆明	Kunming	61.5	24.2	5.3	45.3	22.9	122.8	379.8	258.0	95.4	26.9	6.6	8.7	1057.4
拉萨	Lhasa	0.3	0.2	10.2	9.1	36.0	76.9	174.2	79.1	40.8	1.3			428.1
西安（泾河）	Xi'an (Jinghe)	3.1	7.2	16.5	8.4	81.7	131.2	102.9	116.6	40.7	68.5	42.9	2.7	622.4
兰州（皋兰）	Lanzhou (Gaolan)	1.8	0.1	3.0	0.3	35.5	25.6	49.2	72.4	34.1	1.6	0.1		223.7
西宁	Xining	4.8	1.6	5.1	3.9	62.9	64.1	82.0	123.6	72.7	2.4	3.1	1.6	427.8
银川	Yinchuan	0.3			4.0	8.9	43.0	13.7	82.5	26.7	0.5	6.6	0.3	186.5
乌鲁木齐	Urumqi	9.7	6.3	18.6	1.3	19.6	38.2	17.8	29.9	5.1	23.1	15.9	8.8	194.3

注　本表数据来源于《中国统计年鉴 2021》。

Source: *China Statistical Yearbook 2021.*

1-10 各流域片年平均降水量、径流量

Mean Annual Precipitation and Runoff by River Basin

各 流 域 片	River Basin	计算面积 /平方千米 Calculated Area /km^2	多年平均[1] Average Annual Value[1]			
			年降水量 /毫米 Annual Precipitation /mm	年径流深 /毫米 Annual Runoff /mm	年降水总量 /亿立方米 Annual Precipitation /10^{8}m^3	年径流量 /亿立方米 Annual Runoff /10^{8}m^3
合　计	Total	9545322	648	284	61889	27115
一、黑龙江流域片	Ⅰ. Heilong River Basin	903418	496	129	4476	1166
1. 嫩江	1. Nenjiang River	267817	450	94	1205	251
2. 第二松花江	2. Second Songhua River	78723	666	210	524	165
3. 松花江干流	3. Mainstream of Songhua River	210640	573	164	1206	346
松花江流域	Songhua River Basin	557180	527	137	2935	762
二、辽河流域片	Ⅱ. Liaohe River Basin	345027	551	141	1901	487
4. 辽河流域	4. Liaohe River Basin	228960	473	65	1082	148
5. 辽宁沿海诸河	5. Coastal Rivers of Liaoning Province	60740	639	207	388	126
三、海滦河流域片	Ⅲ. Hai-Luan Rivers Basin	318161	560	91	1781	288
6. 滦河(含冀东沿海诸河)	6. Luanhe River (Including Coastal Rivers in the East of Hebei Province)	54530	565	110	308	60
7. 海河北系	7. North System of Haihe River	83119	507	80	421	67
8. 海河南系	8. South System of Haihe River	148669	580	98	862	145
9. 徒骇马颊河	9. Tuhaimajia River	31843	597	52	190	17
海河流域	Haihe River Basin	263631	559	87	1473	228
四、黄河流域片	Ⅳ. Yellow River Basin	794712	464	83	3691	661
10. 湟水	10. Huangshui River	32863	502	153	165	50
11. 洮河	11. Taohe River	25527	603	208	154	53
12. 兰州以上干流区间	12. Mainstream above Lanzhou	164161	473	149	777	244
13. 兰州—河口镇	13. Lanzhou-Hekou Town	163415	271	9	443	14
黄河上游	Upper Reaches of Yellow River	385966	399	94	1539	362
14. 河口镇—龙门	14. Hekou Town-Longmen	111595	460	54	513	60
15. 汾河	15. Fenhe River	39471	530	67	209	27
16. 泾河	16. Jinghe River	45421	539	46	245	21
17. 洛河	17. Luohe River	26905	550	37	148	10
18. 渭河	18. Weihe River	62440	629	117	393	73
19. 龙门—三门峡干流区间	19. Mainstream of Longmen-Sanmenxia	16623	573	73	95	12

注　本表数据来源于《中国水资源评价》。

Source: *China Water Resources Assessment Report*.

[1] 指 1956—1979 年数据平均。

[1] It refers to the average annual value in 1956-1979.

1-10 续表 continued

各 流 域 片	River Basin	计算面积 /平方千米 Calculated Area /km²	多年平均① Average Annual Value①			
			年降水量 /毫米 Annual Precipitation /mm	年径流深 /毫米 Annual Runoff /mm	年降水总量 /亿立方米 Annual Precipitation /10⁸m³	年径流量 /亿立方米 Annual Runoff /10⁸m³
20. 伊洛河	20. Yiluo River	18881	694	184	131	35
21. 沁河	21. Qinhe River	13532	642	136	87	18
22. 三门峡—花园口干流区间	22. Mainstream of Sanmenxia-Huayuankou	9202	648	133	60	12
黄河中游	Middle Reaches of Yellow River	344070	547	78	1881	267
23. 黄河下游	23. Lower Reaches of Yellow River	22407	674	130	151	29
黄河流域	Yellow River Basin	752443	475	88	3571	658
24. 鄂尔多斯内流区	24. Ordos Endorheic River Region	42269	284	8	120	3
五、淮河流域片	V. Huaihe River Basin	329211	860	225	2830	741
25. 淮河上中游	25. Upper and Middle Reaches of Huaihe River	160837	889	234	1430	376
26. 淮河下游	26. Lower Reaches of Huaihe River	30337	1015	258	308	78
27. 沂沭泗河	27. Yi-Shu-Si Rivers	78109	836	215	653	168
淮河流域	Huaihe River Basin	269283	889	231	2390	622
28. 山东沿海诸河	28. Coastal Rivers of Shandong Province	59928	733	199	439	119
六、长江流域片	VI. Yangtze River Basin	1808500	1071	526	19360	9513
29. 金沙江	29. Jinsha River	490650	706	313	3466	1535
30. 岷沱江	30. Min-Tuo Rivers	164766	1083	627	1785	1033
31. 嘉陵江	31. Jialing River	158776	965	443	1532	704
32. 乌江	32. Wujiang River	86976	1164	620	1012	539
33. 长江上游干流区间	33. Mainstream of Upper Reaches of Yangtze River	100504	1169	653	1175	656
长江上游	Upper Reaches of Yangtze River	1001672	896	446	8570	4467
34. 洞庭湖水系	34. Water System of Dongting Lake	262344	1414	767	3709	2012
35. 汉江	35. Hanjiang River	155204	900	361	1396	560
36. 鄱阳湖水系	36. Water System of Poyang Lake	162274	1598	853	2593	1384
37. 长江中游干流区间	37. Mainstream of Middle Reaches of Yangtze River	57069	1243	550	1207	534
长江中游	Middle Reaches of Yangtze River	676891	1316	663	8905	4490
38. 太湖水系	38. Water System of Taihu Lake	37464	1105	366	414	137
39. 长江下游干流区间	39. Mainstream of Lower Reaches of Yangtze River	92473	1158	453	1071	419
长江下游	Lower Reaches of Yangtze River	129937	1143	428	1485	556
七、珠江流域片	VII. Pearl River Basin	580641	1544	807	8967	4685
40. 南北盘江	40. South and North Panjiang River	82480	1122	467	925	385
41. 红水河与柳黔江	41. Hongshui River and Liuqian River	115525	1480	782	1710	903
42. 北江	42. Beijiang River	44725	1757	1096	786	490

1-10　续表　continued

各　流　域　片	River Basin	计算面积 /平方千米 Calculated Area /km²	多年平均① Average Annual Value①			
			年降水量 /毫米 Annual Precipitation /mm	年径流深 /毫米 Annual Runoff /mm	年降水总量 /亿立方米 Annual Precipitation /10⁸m³	年径流量 /亿立方米 Annual Runoff /10⁸m³
43. 东江	43. Dongjiang River	28191	1788	993	504	280
44. 珠江三角洲	44. Pearl River Delta	31443	1791	996	563	313
珠江流域	Pearl River Basin	444304	1469	751	6528	3338
45. 韩江	45. Hanjiang River	32457	1630	881	529	286
46. 粤东沿海诸河	46. Coastal Rivers of East Guangdong	13653	2058	1260	281	172
47. 桂南粤西沿海诸河	47. Coastal Rivers of South Guangxi and West Guangdong	56093	1836	1032	1030	579
48. 海南岛和南海诸岛	48. Hainan Island and South China Sea Islands	34134	1755	908	599	310
八、浙闽诸河片	Ⅷ. Rivers in Zhejiang and Fujian	239803	1758	1066	4216	2557
49. 钱塘江(含浦阳江)	49. Qiantang River (Including Puyang River)	42156	1587	875	669	369
50. 浙东诸河	50. Rivers in East Zhejiang	18592	1442	715	268	133
51. 浙南诸河	51. Rivers in South Zhejiang	32775	1718	1062	563	348
52. 闽江	52. Minjiang River	60992	1710	961	1043	586
53. 闽东沿海诸河	53. Coastal Rivers of East Fujian	15394	1747	1156	269	178
54. 闽南诸河	54. Rivers in South Fujian	33913	1563	902	530	306
九、西南诸河片	Ⅸ. Rivers in Southwest	851406	1098	688	9346	5853
55. 藏南诸河	55. Rivers in South Tibet	155778	1689	1253	2631	1952
56. 藏西诸河	56. Rivers in West Tibet	57340	129	35	74	20
十、内陆诸河片	Ⅹ. Inland Rivers	3321713	154	32	5113	1064
57. 内蒙古内陆河	57. Inland Rivers in Inner Mongolia	308067	254	4	783	12
58. 河西内陆河	58. Inland Rivers in Hexi Corridor Region Basin	488708	123	14	599	69
59. 准噶尔内陆河	59. Inland Rivers in Junggar	316530	168	40	532	125
60. 中亚细亚内陆河	60. Inland Rivers in Central Asia	93130	468	207	436	193
61. 青海内陆河	61. Inland Rivers in Qinghai	319286	138	23	441	72
62. 羌塘内陆河	62. Inland Rivers in Qiangtang	721182	170	34	1226	246

1-11 历 年 水 资 源 量
Water Resources by Year

年份 Year	水资源总量 /亿立方米 Total Quantity of Water Resources /$10^8 m^3$	地表水资源量 /亿立方米 Surface Water Resources /$10^8 m^3$	地下水资源量 /亿立方米 Groundwater Resources /$10^8 m^3$	地下水与地表 水资源重复量 /亿立方米 Duplicated Amount of Surface Water and Groundwater /$10^8 m^3$	降水量 /亿立方米 Total Precipitation /$10^8 m^3$	人均水资源量 /立方米每人 Per Capita Water Resources /(m³/person)
1999	28196	27204	8387	7395	59702	2219
2000	27701	26562	8502	7363	60092	2194
2001	26868	25933	8390	7456	58122	2112
2002	28261	27243	8697	7679	62610	2207
2003	27460	26251	8299	7090	60416	2131
2004	24130	23126	7436	6433	56876	1856
2005	28053	26982	8091	7020	61010	2152
2006	25330	24358	7643	6671	57840	1932
2007	25255	24242	7617	6604	57763	1916
2008	27434	26377	8122	7065	62000	2071
2009	24180	23125	7267	6212	55966	1812
2010	30906	29798	8417	7308	65850	2310
2011	23257	22214	7215	6171	55133	1726
2012	29529	28373	8296	7141	65150	2186
2013	27958	26840	8081	6963	62674	2060
2014	27267	26264	7745	6742		1999
2015	27963	26901	7797	6735	62569	2039
2016	32466	31274	8855	7662	68672	2355
2017	28761	27746	8310	7295	62936	2086
2018	27463	26323	8247	7107	64618	1972
2019	29041	27993	8192	7144	61660	2078
2020	31605	30407	8554	7355	66899	2240

1-12　多年平均水资源量（按地区分）

Mean Annual Water Resources (by Region)

地区	Region	平均年水资源总量 /亿立方米 Mean Annual Total Available Water Resources /$10^8 m^3$	平均年地表水资源量 /亿立方米 Mean Annual Surface Water Resources /$10^8 m^3$	平均年地下水资源量 /亿立方米 Mean Annual Groundwater Resources /$10^8 m^3$	平均年地表水与地下水资源重复量 /亿立方米 Duplicated Amount of Surface Water and Groundwater /$10^8 m^3$	平均年产水模数 /万立方米每平方千米 Mean Annual Water Production Modulus /$(10^4 m^3/km^2)$
全　国	**Total**	**27460.3**	**26478.2**	**8149.0**	**7166.9**	**29.5**
北　京	Beijing	40.8	25.3	26.2	10.7	24.3
天　津	Tianjin	14.6	10.8	5.8	2.0	12.9
河　北	Hebei	236.9	167.0	145.8	75.9	12.6
山　西	Shanxi	143.5	115.0	94.6	66.1	9.2
内蒙古	Inner Mongolia	506.7	371.0	248.3	112.6	4.4
辽　宁	Liaoning	363.2	325.0	105.5	67.3	25.0
吉　林	Jilin	390.0	345.0	110.1	65.1	20.7
黑龙江	Heilongjiang	775.8	647.0	269.3	140.5	16.6
上　海	Shanghai	26.9	18.6	12.0	3.7	43.5
江　苏	Jiangsu	325.4	249.0	115.3	38.9	31.9
浙　江	Zhejiang	897.1	885.0	213.3	201.2	88.1
安　徽	Anhui	676.8	617.0	166.6	106.8	48.5
福　建	Fujian	1168.7	1168.0	306.4	305.7	96.3
江　西	Jiangxi	1422.4	1416.0	322.6	316.2	85.1
山　东	Shandong	335.0	264.0	154.2	83.2	21.9
河　南	Henan	407.7	311.0	198.9	102.2	24.4
湖　北	Hubei	981.2	946.0	291.3	256.1	52.8
湖　南	Hunan	1626.6	1620.0	374.8	368.2	76.8
广　东	Guangdong	2134.1	2111.0	545.9	522.8	100.7
广　西	Guangxi	1880.0	1880.0	397.7	397.7	79.1
四　川	Sichuan	3133.8	3131.0	801.6	798.8	55.2
贵　州	Guizhou	1035.0	1035.0	258.9	258.9	58.8
云　南	Yunnan	2221.0	2221.0	738.0	738.0	57.9
西　藏	Tibet	4482.0	4482.0	1094.3	1094.3	37.3
陕　西	Shaanxi	441.9	420.0	165.1	143.2	21.5
甘　肃	Gansu	274.3	273.0	132.7	131.4	6.9
青　海	Qinghai	626.2	623.0	258.1	254.9	8.7
宁　夏	Ningxia	9.9	8.5	16.2	14.8	1.9
新　疆	Xinjiang	882.8	793.0	579.5	489.7	5.4

注　本表数据来源于《中国水资源评价》。

Source: *China Water Resources Assessment Report.*

1-13 2020 年水资源量（按地区分）

Water Resources in 2020 (by Region)

地区 Region		水资源总量 /亿立方米 Total Quantity of Water Resources /10⁸m³	地表水资源量 /亿立方米 Surface Water Resources /10⁸m³	地下水资源量 /亿立方米 Groundwater Resources /10⁸m³	地下水与地表 水资源重复量 /亿立方米 Duplicated Amount of Surface Water and Groundwater /10⁸m³	降水量 /毫米 Total Precipitation /mm	人均水资源量 /立方米每人 Per Capita Water Resources /(m³/person)
全 国	**Total**	**31605.2**	**30407.0**	**8553.5**	**7355.3**	**706.5**	**2240**
北 京	Beijing	25.8	8.2	22.3	4.7	560.0	118
天 津	Tianjin	13.3	8.6	5.8	1.1	534.4	96
河 北	Hebei	146.3	55.7	130.3	39.7	546.7	196
山 西	Shanxi	115.2	72.2	85.9	42.9	561.3	330
内蒙古	Inner Mongolia	503.9	354.2	243.9	94.2	311.2	2091
辽 宁	Liaoning	397.1	357.7	115.2	75.8	748.0	930
吉 林	Jilin	586.2	504.8	169.4	88.0	769.1	2415
黑龙江	Heilongjiang	1419.9	1221.5	406.5	208.1	723.1	4410
上 海	Shanghai	58.6	49.9	11.6	2.9	1554.6	236
江 苏	Jiangsu	543.4	486.6	137.8	81.0	1236.0	641
浙 江	Zhejiang	1026.6	1008.8	224.4	206.6	1701.0	1600
安 徽	Anhui	1280.4	1193.7	228.6	141.9	1665.6	2100
福 建	Fujian	760.3	759.0	243.5	242.2	1439.1	1834
江 西	Jiangxi	1685.6	1666.7	386.0	367.1	1853.1	3731
山 东	Shandong	375.3	259.8	201.8	86.3	838.1	370
河 南	Henan	408.6	294.8	185.8	72.0	874.3	412
湖 北	Hubei	1754.7	1735.0	381.6	361.9	1642.6	2999
湖 南	Hunan	2118.9	2111.2	466.1	458.4	1726.8	3190
广 东	Guangdong	1626.0	1616.3	399.1	389.4	1574.1	1296
广 西	Guangxi	2114.8	2113.7	445.4	444.3	1669.4	4232
海 南	Hainan	263.6	260.6	74.6	71.6	1641.1	2632
重 庆	Chongqing	766.9	766.9	128.7	128.7	1435.6	2399
四 川	Sichuan	3237.3	3236.2	649.1	648.0	1055.0	3873
贵 州	Guizhou	1328.6	1328.6	281.0	281.0	1417.4	3449
云 南	Yunnan	1799.2	1799.2	619.8	619.8	1157.2	3814
西 藏	Tibet	4597.3	4597.3	1045.7	1045.7	600.6	126646
陕 西	Shaanxi	419.6	385.6	146.7	112.7	690.5	1063
甘 肃	Gansu	408.0	396.0	158.2	146.2	334.4	1629
青 海	Qinghai	1011.9	989.5	437.3	414.9	367.1	17122
宁 夏	Ningxia	11.0	9.0	17.8	15.8	309.7	154
新 疆	Xinjiang	801.0	759.6	503.5	462.1	141.7	3114

1-14　2020年水资源量（按水资源一级区分）

Water Resources in 2020 (by Grade-Ⅰ Water Resources Regions)

水资源 一级区	Grade-Ⅰ Water Resources Regions	水资源总量 /亿立方米 Total Quantity of Water Resources /10⁸m³	地表水资源量 /亿立方米 Surface Water Resources /10⁸m³	地下水资源量 /亿立方米 Groundwater Resources /10⁸m³	地下水与地表水 资源重复量 /亿立方米 Duplicated Amount of Surface Water and Groundwater /10⁸m³	降水量 /毫米 Total Precipitation /mm
全　国	**Total**	**31605.2**	**30407.0**	**8553.5**	**7355.3**	**706.5**
松花江区	Songhua River	2253.1	1950.5	647.3	344.7	649.4
辽河区	Liaohe River	565.0	470.3	200.0	105.3	589.4
海河区	Haihe River	283.1	121.5	238.5	76.9	552.4
黄河区	Yellow River	917.4	796.2	451.6	330.4	507.3
淮河区	Huaihe River	1303.6	1042.5	463.1	202.0	1060.9
长江区	Yangtze River	12862.9	12741.7	2823.0	2701.8	1282.0
其中：太湖流域	Among Which: Taihu Lake	313.1	292.3	54.5	33.7	1543.4
东南诸河区	Southeast Rivers	1677.3	1665.1	429.4	417.2	1582.3
珠江区	Pearl River	4669.0	4655.2	1068.7	1054.9	1540.5
西南诸河区	Southwest Rivers	5751.1	5751.1	1412.4	1412.4	1091.9
西北诸河区	Northwest Rivers	1322.8	1213.1	819.6	709.9	159.6

1-15 历年河流水质状况
Water Quality of Rivers by Year

年份 Year	评价河长 /千米 Assessed River Length /km	分类河长占评价河长百分比/% Percentage of Classed River Length to the Total Assessed/%					
		I 类 Class-I	II 类 Class-II	III类 Class-III	IV类 Class-IV	V 类 Class-V	劣V类 Inferior to Class-V
2009	160696	4.6	31.1	23.2	14.4	7.4	19.3
2010	175713	4.8	30.0	26.6	13.1	7.8	17.7
2011	189359	4.6	35.6	24.0	12.9	5.7	17.2
2012	201216.4	5.5	39.7	21.8	11.8	5.5	15.7
2013	208474	4.8	42.5	21.3	10.8	5.7	14.9
2014	215763	5.9	43.5	23.4	10.8	4.7	11.7
2015	235024.2	8.1	44.3	21.8	9.9	4.2	11.7
2016	235218.8	6.5	48.3	22.1	9.6	3.7	9.8
2017	244511.8	7.8	49.6	21.1	9.5	3.7	8.3
2018	262364.2	8.7	51.0	21.9	8.7	4.2	5.5

主要统计指标解释

地表水资源量 河流、湖泊以及冰川等地表水体中可以逐年更新的动态水量，即天然河川径流量。

地下水资源量 地下饱和含水层逐年更新的动态水量，即降水和地表水入渗对地下水的补给量。

水资源总量 当地降水形成的地表和地下产水总量，即地表径流量与降水入渗补给量之和。

降水量 从天空降落到地面的液态或固态（经融化后）水，未经蒸发、渗透、流失而在地面上积聚的深度。其统计计算方法为：月降水量是将全月各日的降水量累加而得；年降水量是将 12 个月的月降水量累加而得。

径流量 在一定时段内通过河流某一过水断面的水量。

内陆水域面积 江、河、湖泊、坑塘、塘堰、水库等各种流水或蓄水的水面占地面积。

流域面积 每条河流都有自己的干流和支流，干支流共同组成这条河流的水系。每条河流都有自己的集水区域，这个集水区域就称为该河流的流域。流域面积是该流域区域的总面积。

水质等级 水质等级根据《地表水环境质量标准》（GB 3838—2002）确定，依据地表水水域环境功能和保护目标，按功能高低依次划分为五类：

Ⅰ类：主要适用于源头水、国家自然保护区；

Ⅱ类：主要适用于集中式生活饮用水地表水源地一级保护区、珍稀水生生物栖息地、鱼虾类产场、仔稚幼鱼的索饵场等；

Ⅲ类：主要适用于集中式生活饮用水地表水源地二级保护区、鱼虾类越冬场、洄游通道、水产养殖区等渔业水域及游泳区；

Ⅳ类：主要适用于一般工业用水区及人体非直接接触的娱乐用水区；

Ⅴ类：主要适用于农业用水区及一般景观要求水域。

Explanatory Notes of Main Statistical Indicators

Surface water resources   Dynamic quantity of water that is renewable year by year in surface water bodies such as rivers, lakes or glaciers; it also means the quantity of natural river runoff.

Groundwater resources   Quantity of recharge of precipitation and surface water to the saturated rock and clay, including infiltration recharge of precipitation and surface water bodies of river courses, lakes, reservoirs, canal system and irrigation field.

Total Quantity of water resources   Total available surface and underground water that is formed by local precipitation, i.e. the sum of surface runoff and underground water infiltrated by precipitation recharge.

Precipitation   Accumulative depth of water in liquid or solid (after melting) states from the sky to the ground without evaporation, infiltration and running off. Its calculation methods are as follows: monthly precipitation shall be the total sum of everyday rainfall in a month; annual precipitation shall be the total sum of rainfalls of twelve months.

Amount of runoff   Water quantity runs through a water carrying section of a river during a fixed period of time. The calculation formula: runoff = precipitation − evaporation.

Inland water area   Total land area occupied by running or stored water, including river, lake, pond, weir or reservoir etc.

Drainage area   Each river has its own mainstream and tributaries that jointly form the water system of this river. Each river has its own water catchment, and this catchment is called the river basin of this river. The area of a river basin is the total area of its catchments.

Classification of water quality   Classification of water quality is based on *Environmental quality standards for surface water* (GB 3838−2002). Water quality is classified into five levels in sequence from high to low in line with environment functions and aims of protection of the surface water bodies.

Class-I   Water can be used as source of drinking water and national nature reserve.

Class-II   Water can be used as Grade-I surface water source for centralized domestic drinking water supply, habitat of rare and endemic aquatic life, spawning ground for fish and shrimp, and feeding ground of juvenile and young fish.

Class-III   Water can be used as Grade-II surface water source for centralized domestic drinking water supply, wintering or migratory passage of fish and shrimp, water bodies used for fishery such as aquiculture and swimming.

Class-IV   Water can be used for industries and recreation without direct contact with human bodies.

Class-V   Water can be used for irrigation and landscape watering.

2　江河治理

River Regulation

简 要 说 明

江河治理统计资料主要包括水库数量、水库总库容、堤防长度与等级划分、水闸数量与类型、除涝面积以及除涝标准。

江河治理资料按水资源一级分区和地区分组。水库、堤防、水闸、除涝等历史数据汇总1974年至今的数据。

1. 水库统计范围为已建成水库，包括水利、电力、城建等部门建设的水库。因2007年湖南省对小型水库数量进行调减，因此对2000—2006年水库数量与库容进行相应调减。

2. 堤防统计范围为已建成或基本建成的河堤、湖堤、海堤、江堤、分洪区和行洪区围堤等各种堤防，生产堤、渠堤、排涝堤不做统计。本年鉴堤防长度为五级及以上堤防长度。

3. 水闸统计范围为江河、湖泊上的防洪、分洪、节制、挡潮、排涝、引水灌溉等各种类型水闸，水库枢纽等建筑物上的水闸不包括在内。水闸流量不够10立方米每秒，不做统计。2012年始，水闸数量统计口径为水闸流量达到5立方米每秒。

4. 洪灾、旱灾及防治状况历史资料汇总1949年以来的数据，按地区整理。

5. 2012年，水库、堤防、水闸相关指标已与2011年水利普查数据进行了衔接。

Brief Introduction

Statistical data of rivers regulation mainly includes number of reservoirs, total storage capacity, embankment length and grade division, number and types of sluices and gates, drainage area and standard.

The data of river regulation is divided into groups in accordance with regions and basins. Historical data of reservoirs, embankments, water gates, waterlogging prevention areas is collected from 1974 until present.

1. The statistical data of reservoirs also covers reservoirs built by department of electricity or urban construction despite of water department. Due to the reduction for the number of small reservoirs of Hunan Province in 2007, the number of reservoirs and storage capacity in 2000-2006 were reduced accordingly.

2. The statistical scope of embankment covers various types such as river embankment and levee, lake embankment, sea dyke, embankment for flood retention and discharge basins, excluding embankment for production, canal and drainage purposes. The data of the length of embankment and dyke is about from Grade-I to Grade-V.

3. The statistical scope of sluice and gate covers various types of sluices and gates on rivers or lakes, such as those for flood control and flood diversion, control gate and tidal gate, and gate for drainage and irrigation. The gates built on the reservoirs are not included. The gates with a flow lower than 10 m^3/s are not included. Since 2012, only the gates with a flow higher than 5 m^3/s are included.

4. Historical data of flood and drought disasters, and summary of prevention and control status are collected from 1949 until present and classified according to regions.

5. The data of reservoir, embankment, sluice and gate in 2012 is integrated with the First National Census for Water in 2011.

2-1 主 要 指 标

Key Indicators

指标名称 Indicator	单位	unit	2011	2012	2013	2014	2015	2016	2017	2018	2019	2020
水库 Reservoir	座	unit	88605	97543	97721	97735	97988	98460	98795	98822	98112	98566
总库容 Total Storage	亿立方米	$10^8 m^3$	7201	8255	8298	8394	8581	8967	9035	8953	8983	9306
大型 Large Reservoir	座	unit	567	683	687	697	707	720	732	736	744	774
总库容 Total Storage	亿立方米	$10^8 m^3$	5602	6493	6529	6617	6812	7166	7210	7117	7150	7410
中型 Medium Reservoir	座	unit	3346	3758	3774	3799	3844	3890	3934	3954	3978	4098
总库容 Total Storage	亿立方米	$10^8 m^3$	954	1064	1070	1075	1068	1096	1117	1126	1127	1179
小型 Small Reservoir	座	unit	84692	93102	93260	93239	93437	93850	94129	94132	93390	93694
总库容 Total Storage	亿立方米	$10^8 m^3$	645	698	700	702	701	705	709	710	706	717
堤防 Embankment and Dyke	千米	km	299911	271661	276823	284425	291417	299322	306200	311932	320250	328121
保护耕地面积 Protected Cultivated Area	千公顷	$10^3 ha$	42625	42597	42573	42794	40844	41087	40946	41409	41903	42168
保护人口 Protected Population	万人	$10^4 persons$	57216	56566	57138	58584	58608	59468	60557	62837	64168	64591
水闸 Water Gate	座	unit	44306	97256	98192	98686	103964	105283	103878	104403	103575	103474
大型 Large Gate	座	unit	599	862	870	875	888	892	892	897	892	914
中型 Medium Gate	座	unit	4767	6308	6336	6360	6401	6473	6504	6534	6621	6697
小型 Small Gate	座	unit	38942	90086	90986	91451	96675	97918	96482	96972	96062	95863
除涝面积 Drainage Area	千公顷	$10^3 ha$	21722	21857	21943	22369	22713	23067	23824	24262	24530	24586

2-2 历年已建成水库数量、库容和耕地灌溉面积

Number, Storage Capacity and Effective Irrigated Area of Completed Reservoirs by Year

年份 Year	已建成水库 Completed Reservoirs			大型水库 Large Reservoir			中型水库 Medium Reservoir			小型水库 Small Reservoir		
	座数/座 Number /unit	总库容/亿立方米 Total Storage Capacity /10⁸m³	耕地灌溉面积/千公顷 Effective Irrigated Area /10³ha	座数/座 Number /unit	总库容/亿立方米 Total Storage Capacity /10⁸m³	耕地灌溉面积/千公顷 Effective Irrigated Area /10³ha	座数/座 Number /unit	总库容/亿立方米 Total Storage Capacity /10⁸m³	耕地灌溉面积/千公顷 Effective Irrigated Area /10³ha	座数/座 Number /unit	总库容/亿立方米 Total Storage Capacity /10⁸m³	耕地灌溉面积/千公顷 Effective Irrigated Area /10³ha
1981	86881	4169	15806	328	2989	6080	2333	622	4253	84220	558	5473
1982	86900	4188	15943	331	2994	6217	2353	632	4318	84216	562	5408
1983	86567	4208	15671	335	3007	6081	2367	640	4251	83865	561	5339
1984	84998	4292	15833	338	3068	6280	2387	658	4232	82273	566	5321
1985	83219	4301	15760	340	3076	6407	2401	661	4206	80478	564	5147
1986	82716	4432	15749	350	3199	6408	2115	666	4189	79951	567	5153
1987	82870	4475	15902	353	3233	6449	2428	672	4257	80089	570	5196
1988	82937	4504	15801	355	3252	6399	2462	681	4201	80120	571	5201
1989	82848	4617	15826	358	3357	6409	2480	688	4254	80010	572	5163
1990	83387	4660	15809	366	3397	6431	2499	690	4205	80522	573	5173
1991	83799	4678		367	3400		2524	698		80908	579	
1992	84130	4688		369	3407		2538	700		81223	580	
1993	84614	4717		374	3425		2562	707		81678	583	
1994	84558	4751		381	3456		2572	713		81605	582	
1995	84775	4797		387	3493		2593	719		81795	585	
1996	84905	4571		394	3260		2618	724		81893	587	
1997	84837	4583		397	3267		2634	729		81806	587	
1998	84944	4930		403	3595		2653	736		81888	598	
1999	85119	4499		400	3164		2681	743		82039	593	
2000	83260	5183		420	3843		2704	746		80136	593	
2001	83542	5280		433	3927		2736	758		80373	595	
2002	83960	5594		445	4230		2781	768		80734	596	
2003	84091	5657		453	4279		2827	783		80811	596	
2004	84363	5541		460	4147		2869	796		81034	598	
2005	84577	5623		470	4197		2934	826		81173	601	
2006	85249	5841		482	4379		3000	852		81767	610	
2007	85412	6345		493	4836		3110	883		81809	625	
2008	86353	6924		529	5386		3181	910		82643	628	
2009	87151	7064		544	5506		3259	921		83348	636	
2010	87873	7162		552	5594		3269	930		84052	638	
2011	88605	7201		567	5602		3346	954		84692	645	
2012	97543	8255		683	6493		3758	1064		93102	698	
2013	97721	8298		687	6529		3774	1070		93260	700	
2014	97735	8394		697	6617		3799	1075		93239	702	
2015	97988	8581		707	6812		3844	1068		93437	701	
2016	98460	8967		720	7166		3890	1096		93850	705	
2017	98795	9035		732	7210		3934	1117		94129	709	
2018	98822	8953		736	7117		3954	1126		94132	710	
2019	98112	8983		744	7150		3978	1127		93390	706	
2020	98566	9306		774	7410		4098	1179		93694	717	

2-3 2020 年已建成水库数量和库容（按地区分）

Number and Storage Capacity of Completed Reservoirs in 2020 (by Region)

地区	Region	已建成水库 Completed Reservoirs		大 型 水 库 Large Reservoir		中 型 水 库 Medium Reservoir		小 型 水 库 Small Reservoir	
		座数 /座 Number /unit	总库容 /亿立方米 Total Storage Capacity /$10^8 m^3$	座数 /座 Number /unit	总库容 /亿立方米 Total Storage Capacity /$10^8 m^3$	座数 /座 Number /unit	总库容 /亿立方米 Total Storage Capacity /$10^8 m^3$	座数 /座 Number /unit	总库容 /亿立方米 Total Storage Capacity /$10^8 m^3$
合 计	**Total**	**98566**	**9306**	**774**	**7410**	**4098**	**1179**	**93694**	**717**
北 京	Beijing	85	52	3	46	17	5	65	1
天 津	Tianjin	26	26	3	22	9	3	14	1
河 北	Hebei	1031	207	24	184	45	16	962	7
山 西	Shanxi	615	71	11	39	72	23	532	9
内蒙古	Inner Mongolia	602	187	17	143	90	33	495	11
辽 宁	Liaoning	785	372	36	342	76	21	673	9
吉 林	Jilin	1594	334	20	290	108	31	1466	13
黑龙江	Heilongjiang	920	202	28	152	101	35	791	15
上 海	Shanghai	6	5	1	5	1	0.1	4	0.3
江 苏	Jiangsu	932	35	6	13	45	12	881	10
浙 江	Zhejiang	4301	447	34	373	159	46	4108	28
安 徽	Anhui	5929	205	16	144	111	31	5802	30
福 建	Fujian	3655	202	21	122	191	51	3443	29
江 西	Jiangxi	10700	335	32	203	263	66	10405	66
山 东	Shandong	5890	184	38	93	224	55	5628	36
河 南	Henan	2535	431	27	377	121	34	2387	20
湖 北	Hubei	6917	1238	74	1107	286	81	6557	50
湖 南	Hunan	13833	545	50	373	366	100	13417	72
广 东	Guangdong	8086	455	39	294	343	97	7704	64
广 西	Guangxi	4532	714	62	597	232	69	4238	48
海 南	Hainan	1111	114	10	77	78	24	1023	13
重 庆	Chongqing	3089	128	18	81	107	28	2964	19
四 川	Sichuan	8289	620	51	504	229	67	8009	49
贵 州	Guizhou	2652	484	25	412	156	46	2471	26
云 南	Yunnan	7542	843	47	723	307	74	7188	46
西 藏	Tibet	149	41	8	32	19	8	122	1
陕 西	Shaanxi	1138	102	13	56	87	34	1038	12
甘 肃	Gansu	385	113	10	92	44	14	331	7
青 海	Qinghai	211	370	13	362	20	5	178	3
宁 夏	Ningxia	336	29	1	6	38	15	297	8
新 疆	Xinjiang	690	215	36	146	153	55	501	14

2-4 2020 年已建成水库数量和库容（按水资源分区分）

Number and Storage Capacity of Completed Reservoirs in 2020
(by Water Resources Sub-region)

水资源 一级区 Grade-I Water Resources Regions	已建成水库 Completed Reservoirs		大 型 水 库 Large Reservoir		中 型 水 库 Medium Reservoir		小 型 水 库 Small Reservoir	
	座数 /座 Number /unit	总库容 /亿立方米 Total Storage Capacity /10^8m^3	座数 /座 Number /unit	总库容 /亿立方米 Total Storage Capacity /10^8m^3	座数 /座 Number /unit	总库容 /亿立方米 Total Storage Capacity /10^8m^3	座数 /座 Number /unit	总库容 /亿立方米 Total Storage Capacity /10^8m^3
合 计 Total	98566	9306	774	7410	4098	1179	93694	717
松花江区 Songhua River	2409	574	49	480	202	66	2158	27
辽河区 Liaohe River	1154	490	48	437	128	39	978	14
海河区 Haihe River	1622	336	37	274	157	46	1428	17
黄河区 Yellow River	3034	879	43	751	249	86	2742	42
淮河区 Huaihe River	9362	395	59	262	291	78	9012	55
长江区 Yangtze River	52821	3658	290	2894	1617	441	50914	324
东南诸河区 Southeast Rivers	7852	638	50	487	340	95	7462	57
珠江区 Pearl River	16351	1495	123	1133	761	220	15467	142
西南诸河区 Southwest Rivers	2936	598	33	536	159	42	2744	20
西北诸河区 Northwest Rivers	1025	243	42	157	194	67	789	19

2-5 2020 年已建成水库数量和库容（按水资源分区和地区分）

Number and Storage Capacity of Completed Reservoirs in 2020
(by Water Resources Sub-region and Region)

地区	Region	已建成水库 Completed Reservoirs		大型水库 Large Reservoir		中型水库 Medium Reservoir		小型水库 Small Reservoir	
		座数 /座 Number /unit	总库容 /亿立方米 Total Storage Capacity /10⁸m³	座数 /座 Number /unit	总库容 /亿立方米 Total Storage Capacity /10⁸m³	座数 /座 Number /unit	总库容 /亿立方米 Total Storage Capacity /10⁸m³	座数 /座 Number /unit	总库容 /亿立方米 Total Storage Capacity /10⁸m³
松花江区	**Songhua River**	**2409**	**574**	**49**	**480**	**202**	**66**	**2158**	**27**
内蒙古	Inner Mongolia	71	113	4	104	16	7	51	1
吉 林	Jilin	1418	259	17	224	85	24	1316	11
黑龙江	Heilongjiang	920	202	28	152	101	35	791	15
辽河区	**Liaohe River**	**1154**	**490**	**48**	**437**	**128**	**39**	**978**	**14**
内蒙古	Inner Mongolia	202	43	9	29	29	11	164	3
辽 宁	Liaoning	776	373	36	342	76	21	664	9
吉 林	Jilin	176	75	3	66	23	7	150	2
海河区	**Haihe River**	**1622**	**336**	**37**	**274**	**157**	**46**	**1428**	**17**
北 京	Beijing	85	52	3	46	17	5	65	1
天 津	Tianjin	26	26	3	22	9	3	14	1
河 北	Hebei	1031	207	24	184	45	16	962	7
山 西	Shanxi	269	27	4	13	36	10	229	4
内蒙古	Inner Mongolia	27	2	1	1	4	1	22	0.2
辽 宁	Liaoning	9	0.1					9	0.1
山 东	Shandong	70	8			28	6	42	3
河 南	Henan	105	13	2	7	18	5	85	1
黄河区	**Yellow River**	**3034**	**879**	**43**	**751**	**249**	**86**	**2742**	**42**
山 西	Shanxi	346	44	7	26	36	13	303	5
内蒙古	Inner Mongolia	168	21	2	6	26	11	140	4
山 东	Shandong	953	20	3	4	36	10	914	6
河 南	Henan	296	263	7	254	20	4	269	5
四 川	Sichuan	2	0.3			1	0.2	1	0.1
陕 西	Shaanxi	587	50	7	17	62	25	518	8
甘 肃	Gansu	173	87	4	78	17	5	152	4
青 海	Qinghai	173	366	12	360	13	4	148	2
宁 夏	Ningxia	336	29	1	6	38	15	297	8
淮河区	**Huaihe River**	**9362**	**395**	**59**	**262**	**291**	**78**	**9012**	**55**
江 苏	Jiangsu	427	20	3	9	19	6	405	5
安 徽	Anhui	2405	91	6	63	57	16	2342	12
山 东	Shandong	4867	156	35	89	160	40	4672	27
河 南	Henan	1663	128	15	101	55	15	1593	12

2-5 续表 continued

地区	Region	已建成水库 Completed Reservoirs		大 型 水 库 Large Reservoir		中 型 水 库 Medium Reservoir		小 型 水 库 Small Reservoir	
		座数 /座 Number /unit	总库容 /亿立方米 Total Storage Capacity /10^{8}m^3	座数 /座 Number /unit	总库容 /亿立方米 Total Storage Capacity /10^{8}m^3	座数 /座 Number /unit	总库容 /亿立方米 Total Storage Capacity /10^{8}m^3	座数 /座 Number /unit	总库容 /亿立方米 Total Storage Capacity /10^{8}m^3
长江区	**Yangtze River**	**52821**	**3658**	**290**	**2894**	**1617**	**441**	**50914**	**324**
上 海	Shanghai	6	6	1	5	1	0.1	4	0.3
江 苏	Jiangsu	505	15	3	3	26	6	476	5
浙 江	Zhejiang	261	13	5	8	12	3	244	1
安 徽	Anhui	3367	111	10	81	52	14	3305	17
江 西	Jiangxi	10700	335	32	203	263	66	10405	66
河 南	Henan	471	27	3	15	28	9	440	3
湖 北	Hubei	6917	1238	74	1107	286	81	6557	50
湖 南	Hunan	13659	543	50	373	361	99	13248	71
广 西	Guangxi	143	7	1	1	12	4	130	2
重 庆	Chongqing	3089	129	18	81	107	28	2964	19
四 川	Sichuan	8287	619	51	504	228	66	8008	49
贵 州	Guizhou	2054	314	19	262	109	32	1926	20
云 南	Yunnan	2762	239	15	203	99	21	2648	16
陕 西	Shaanxi	551	52	6	39	25	9	520	4
甘 肃	Gansu	37	10	2	8	5	1	30	0.4
青 海	Qinghai	12	1			3	0.7	9	0.5
东南诸河区	**Southeast Rivers**	**7852**	**638**	**50**	**487**	**340**	**95**	**7462**	**57**
浙 江	Zhejiang	4040	434	29	364	147	42	3864	27
安 徽	Anhui	157	2			2	1	155	0.8
福 建	Fujian	3655	203	21	122	191	51	3443	29
珠江区	**Pearl River**	**16351**	**1495**	**123**	**1133**	**761**	**220**	**15467**	**142**
湖 南	Hunan	174	2			5	1	169	1
广 东	Guangdong	8086	455	39	294	343	97	7704	64
广 西	Guangxi	4389	708	61	596	220	65	4108	47
海 南	Hainan	1111	113	10	77	78	24	1023	13
贵 州	Guizhou	598	169	6	150	47	13	545	6
云 南	Yunnan	1993	47	7	17	68	19	1918	12
西南诸河区	**Southwest Rivers**	**2936**	**598**	**33**	**536**	**159**	**42**	**2744**	**20**
云 南	Yunnan	2793	559	26	506	141	34	2626	19
西 藏	Tibet	143	38	7	29	18	8	118	1
青 海	Qinghai								
西北诸河区	**Northwest Rivers**	**1025**	**243**	**42**	**157**	**194**	**67**	**789**	**19**
内蒙古	Inner Mongolia	134	8	1	3	15	3	118	2
甘 肃	Gansu	175	16	4	6	22	8	149	2
青 海	Qinghai	26	4	1	3	4	1	21	1
新 疆	Xinjiang	690	215	36	146	153	55	501	14

2-6 历年堤防长度、保护耕地、保护人口和达标长度

Length of Embankment and Dyke, Protected Farmland and Population, Length of Up-to-standard Embankment and Dyke by Year

年份 Year	长度 /千米 Length /km	保护耕地 /千公顷 Protected Farmland /10³ha	保护人口 /万人 Protected Population /10⁴ persons	累计达标 堤防长度 /千米 Accumulated Up-to-standard Embankment and Dyke /km	#1级、2级 堤防 Grade-I and Grade-II Embankment and Dyke	新增达标 堤防长度 /千米 Newly-increased Up-to-standard Embankment and Dyke /km	主要堤防 Key Embankment & Dyke 长度/千米 Length /km	保护面积/千公顷 Protected Farmland Area /10³ha	一般堤防 General Embankment & Dyke 长度/千米 Length /km	保护面积/千公顷 Protected Farmland Area /10³ha
1980	170645	33621					43257	22363	127388	11258
1981	170644	33621					43256	22363	127388	11258
1982	170645	33621					43256	22363	127389	11258
1983	175499	33882					46125	22335	129374	11547
1984	178958	35459					53046	22912	125912	12547
1985	177048	31060					53739	20714	123309	10346
1986	185045	31665					55706	21279	129339	10387
1987	200175	32205					56067	21131	144108	11073
1988	203709	32330					56267	21115	147442	11215
1989	216979	31966					56634	20785	160345	11180
1990	225770	31616					57499	20954	168271	10661
1991	237746	29507					59536	18257	178210	11251
1992	242246	29565					60112	18521	182134	11044
1993	245130	30885					61140	18639	183990	12246
1994	245876	30246					61803	18337	184073	11910
1995	246680	30609					63423	18777	183257	11833
1996	248243	32686					64706	21638	183537	11048
1997	250815	40476					65729	26982	185086	13493
1998	258600	36289					69879	24840	188721	11449
1999	266278	38575					74021	26014	192257	12561
2000	270364	39595	46586				76769	27458	193595	12137
2001	273401	40671	47939	76532	15875	8369				
2002	273786	42862	50049	82395	21181	11426				
2003	275171	43875	51304	88030	22854	5634				
2004	277305	43934	53065	94634	22679	6647				
2005	277450	44121	54174	98147	23240	3856				
2006	280850	45486	55403	106334	23609	5883				
2007	283770	45518	56487	109349	24347	4243				
2008	286896	45712	57289	112837	25309	5115				
2009	291420	46547	58978	116739	26256	4515				
2010	294104	46831	59853	121440	27865	4697				
2011	299911	42625	57216	128557	28419	7413				
2012	271661	42597	56566	177490	27949	11080				
2013	276823	42573	57138	179763	29452	9170				
2014	284425	42794	58584	188681	30382	9098				
2015	291417	40844	58608	196536	31164	8005				
2016	299322	41087	59468	201124	32266	6733				
2017	306200	40946	60557	210286	33381	9114				
2018	311932	41409	62837	217607	33983	8439				
2019	320250	41903	64168	227312	35267	9533				
2020	328121	42168	64591	239633	36882	8282				

2-7 2020年堤防长度、保护耕地、保护人口和达标长度（按地区分）

Length of Embankment and Dyke, Protected Farmland and Population, Length of Up-to-standard Embankment and Dyke in 2020 (by Region)

地区 Region		长度 /千米 Length /km	保护耕地 /千公顷 Protected Farmland /10^3ha	保护人口 /万人 Protected Population /10^4persons	累计达标 堤防长度 /千米 Accumulated Length of Up-to-standard Embankment and Dyke /km	#1级、2级 堤防 Grade-I and Grade-II Embankment and Dyke	新增达标 堤防长度 /千米 Newly-increased Length of Up-to-standard Embankment and Dyke /km
合 计	Total	**328121**	**42168**	**64591**	**239633**	**36882**	**8282**
北 京	Beijing	1632	202	392	1496	575	2
天 津	Tianjin	2164	374	1387	1014	767	16
河 北	Hebei	10637	3591	3791	5276	1716	142
山 西	Shanxi	7155	622	1036	5738	539	229
内蒙古	Inner Mongolia	7102	1719	1279	5604	1415	149
辽 宁	Liaoning	13473	1515	1982	11580	2336	92
吉 林	Jilin	8389	1341	1092	5417	1547	390
黑龙江	Heilongjiang	14017	3377	1278	8546	2017	652
上 海	Shanghai	1604	165	2427	1604	1337	75
江 苏	Jiangsu	51188	3002	5149	43328	5046	445
浙 江	Zhejiang	20024	1319	3659	16952	1214	272
安 徽	Anhui	22402	2916	3660	14519	2818	160
福 建	Fujian	5551	450	2034	4344	320	189
江 西	Jiangxi	10320	1035	2168	8546	468	472
山 东	Shandong	24927	4213	4722	18488	4762	761
河 南	Henan	16856	3586	4776	11383	1589	157
湖 北	Hubei	18349	3044	4044	6367	1622	203
湖 南	Hunan	13287	1734	2456	5894	1420	122
广 东	Guangdong	24647	1135	5935	14797	2507	77
广 西	Guangxi	3212	316	1265	2308	153	122
海 南	Hainan	776	123	360	566	67	25
重 庆	Chongqing	2936	206	942	2795	89	268
四 川	Sichuan	7081	894	2569	6523	361	406
贵 州	Guizhou	3943	398	925	3701	223	219
云 南	Yunnan	8926	644	1211	7578	153	802
西 藏	Tibet	2572	45	92	2211	121	238
陕 西	Shaanxi	6017	639	1206	5548	958	364
甘 肃	Gansu	8569	543	1060	7849	419	423
青 海	Qinghai	2287	73	158	2252	191	199
宁 夏	Ningxia	953	198	228	884		2
新 疆	Xinjiang	7124	2750	1308	6522	131	610

2-8 2020 年堤防长度、保护耕地、保护人口和达标长度
（按水资源分区分）

Length of Embankment and Dyke, Protected Farmland and Population, Length of Up-to-standard Embankment and Dyke in 2020
(by Water Resources Sub-region)

水资源 一级区	Grade-I Water Resources Regions	长度 /千米 Length /km	保护耕地 /千公顷 Protected Farmland /10³ha	保护人口 /万人 Protected Population /10⁴ persons	累计达标 堤防长度 /千米 Accumulated Length of Up-to-standard Embankment and Dyke /km	#1级、2级 堤防 Grade-I and Grade-II Embankment and Dyke	新增达标 堤防长度 /千米 Newly-increased Length of Up-to-standard Embankment and Dyke /km
合　计	**Total**	**328121**	**42168**	**64591**	**239633**	**36882**	**8282**
松花江区	Songhua River	23070	4904	2578	14850	3735	791
辽河区	Liaohe River	16813	2178	2547	13786	2984	383
海河区	Haihe River	24084	5803	7392	14817	4891	362
黄河区	Yellow River	23098	2866	3896	20365	3200	922
淮河区	Huaihe River	74196	9420	11476	56851	8185	1137
长江区	Yangtze River	99938	10321	21282	68705	9543	2555
东南诸河区	Southeast Rivers	17879	1428	5014	14466	1096	406
珠江区	Pearl River	32392	1807	8059	20773	2746	426
西南诸河区	Southwest Rivers	6727	375	644	6032	187	602
西北诸河区	Northwest Rivers	9924	3065	1704	8989	316	698

2-9　2020 年堤防长度、保护耕地、保护人口和达标长度
（按水资源分区和地区分）

Length of Embankment and Dyke, Protected Farmland and Population, Length of Up-to-standard Embankment and Dyke in 2020
(by Water Resources Sub-region and Region)

地区 Region		长度 /千米 Length /km	保护耕地 /千公顷 Protected Farmland /10³ha	保护人口 /万人 Protected Population /10⁴persons	累计达标 堤防长度 /千米 Accumulated Length of Up-to-standard Embankment and Dyke /km	#1级、2级 堤防 Grade-I and Grade-II Embankment and Dyke	新增达标 堤防长度 /千米 Newly-increased Length of Up-to-standard Embankment and Dyke /km
松花江区	**Songhua River**	**23070**	**4904**	**2578**	**14850**	**3735**	**791**
内蒙古	Inner Mongolia	1503	383	373	1458	250	5
吉　林	Jilin	7550	1145	927	4845	1468	135
黑龙江	Heilongjiang	14017	3377	1278	8546	2017	652
辽河区	**Liaohe River**	**16813**	**2178**	**2547**	**13786**	**2984**	**383**
内蒙古	Inner Mongolia	2619	467	404	1751	572	36
辽　宁	Liaoning	13356	1514	1978	11462	2333	92
吉　林	Jilin	839	196	164	572	79	255
海河区	**Haihe River**	**24084**	**5803**	**7392**	**14817**	**4891**	**362**
北　京	Beijing	1632	202	392	1496	575	2
天　津	Tianjin	2164	374	1387	1014	767	16
河　北	Hebei	10637	3591	3791	5276	1716	142
山　西	Shanxi	2373	202	304	1772	243	117
内蒙古	Inner Mongolia	78	3	29	75		5
辽　宁	Liaoning	118	1	4	118	3	
山　东	Shandong	5904	1097	1032	4375	1403	54
河　南	Henan	1179	335	455	691	184	27
黄河区	**Yellow River**	**23098**	**2866**	**3896**	**20365**	**3200**	**922**
山　西	Shanxi	4783	420	733	3967	296	112
内蒙古	Inner Mongolia	2463	847	403	1941	593	88
山　东	Shandong	1085	187	221	812	168	18
河　南	Henan	3026	448	676	2498	911	60
四　川	Sichuan	24	0.4	6	24		
陕　西	Shaanxi	3745	483	892	3471	835	201
甘　肃	Gansu	5264	247	645	5017	254	259
青　海	Qinghai	1756	34	91	1751	143	181
宁　夏	Ningxia	953	198	228	884		2
淮河区	**Huaihe River**	**74196**	**9420**	**11476**	**56851**	**8185**	**1137**
江　苏	Jiangsu	34363	1961	2521	27975	2744	381
安　徽	Anhui	10205	1993	2210	8151	1762	16
山　东	Shandong	17938	2929	3469	13301	3191	688
河　南	Henan	11690	2537	3277	7424	488	52

2-9 续表 continued

地区	Region	长度 /千米 Length /km	保护耕地 /千公顷 Protected Farmland /10³ha	保护人口 /万人 Protected Population /10⁴persons	累计达标 堤防长度 /千米 Accumulated Length Up-to-standard Embankment and Dyke /km	#1级、2级 堤防 Grade-I and Grade-II Embankment and Dyke	新增达标 堤防长度 /千米 Newly-increased Length of Up-to-standard Embankment and Dyke /km
长江区	**Yangtze River**	**99938**	**10321**	**21282**	**68705**	**9543**	**2555**
上　海	Shanghai	1604	165	2427	1604	1337	75
江　苏	Jiangsu	16825	1041	2628	15353	2303	63
浙　江	Zhejiang	7917	348	691	7044	438	55
安　徽	Anhui	11976	916	1438	6155	1056	144
江　西	Jiangxi	10320	1035	2168	8546	468	472
河　南	Henan	961	265	368	770	6	18
湖　北	Hubei	18349	3044	4044	6367	1622	203
湖　南	Hunan	13156	1719	2415	5770	1420	121
广　西	Guangxi	68	25	58	59		4
重　庆	Chongqing	2936	206	942	2795	89	268
四　川	Sichuan	7057	894	2563	6499	361	406
贵　州	Guizhou	2552	291	733	2387	210	192
云　南	Yunnan	2468	179	337	2036	83	262
陕　西	Shaanxi	2272	155	314	2077	123	163
甘　肃	Gansu	1349	38	139	1144	28	100
青　海	Qinghai	126	1	18	99		8
东南诸河区	**Southeast Rivers**	**17879**	**1428**	**5014**	**14466**	**1096**	**406**
浙　江	Zhejiang	12107	971	2968	9909	776	216
安　徽	Anhui	221	7	12	213		1
福　建	Fujian	5551	450	2034	4344	320	189
珠江区	**Pearl River**	**32392**	**1807**	**8059**	**20773**	**2746**	**426**
湖　南	Hunan	131	14	42	124		1
广　东	Guangdong	24647	1135	5935	14797	2507	77
广　西	Guangxi	3143	291	1207	2249	153	119
海　南	Hainan	776	123	360	566	67	25
贵　州	Guizhou	1391	107	192	1314	13	27
云　南	Yunnan	2304	136	323	1722	5	177
西南诸河区	**Southwest Rivers**	**6727**	**375**	**644**	**6032**	**187**	**602**
云　南	Yunnan	4155	329	552	3820	66	364
西　藏	Tibet	2572	45	92	2211	121	238
青　海	Qinghai						
西北诸河区	**Northwest Rivers**	**9924**	**3065**	**1704**	**8989**	**316**	**698**
内　蒙古	Inner Mongolia	439	19	70	378		16
甘　肃	Gansu	1957	259	276	1688	137	63
青　海	Qinghai	405	38	49	402	48	10
新　疆	Xinjiang	7124	2750	1308	6522	131	610

2-10 历 年 水 闸 数 量

Number of Water Gates by Year

单位：座   unit: unit

年份 Year	合计 Total	按过闸流量大小分 Classified According to Flow			按作用分 Classified According to Functions				
		大型 Large Gate	中型 Medium Gate	小型 Small Gate	分洪闸 Flood Diversion Gate	节制闸 Control Gate	排水闸 Drainage Gate	引水闸 Water Diversion Gate	挡潮闸 Tide Gate
1980	26656	250	1783	24623					
1981	26834	252	1837	24745					
1982	24906	253	1949	22704					
1983	24980	263	1912	22805					
1984	24862	290	1941	22631					
1985	24816	294	1957	22565					
1986	25315	299	2032	22984					
1987	26131	299	2060	23772					
1988	26319	300	2060	23959					
1989	26739	308	2086	24345					
1990	27649	316	2126	25207					
1991	29390	320	2228	26842					
1992	30571	322	2296	27953					
1993	30730	325	2676	27729					
1994	31097	320	2740	28037					
1995	31434	333	2794	28307					
1996	31427	333	2821	28273					
1997	31697	340	2836	28521					
1998	31742	353	2910	28479					
1999	32918	359	3025	29534					
2000	33702	402	3115	30185					
2001	36875	410							
2002	39144	431							
2003	39834	416							
2004	39313	413							
2005	39839	405							
2006	41209	426	3495	37288					
2007	41110	438	3531	37141	2656	11663	14288	7562	4941
2008	41626	504	4182	36940	2647	11904	14381	7686	5008
2009	42523	565	4661	37297	2672	12824	14488	7895	4644
2010	43300	567	4692	38041	2797	12951	14676	8182	4694
2011	44306	599	4767	38942	2878	13313	14937	8427	4751
2012	97256	862	6308	90086	7962	55297	17229	10955	5813
2013	98192	870	6336	90986	7985	55758	17509	11106	5834
2014	98686	875	6360	91451	7993	56157	17581	11124	5831
2015	103964	888	6401	96675	10817	54687	18800	14296	5364
2016	105283	892	6473	97918	10557	57013	18210	14350	5153
2017	103878	892	6504	96482	8363	57670	18280	14435	5130
2018	104403	897	6534	96972	8373	57972	18355	14570	5133
2019	103575	892	6621	96062	8293	57831	18449	13830	5172
2020	103474	914	6697	95863	8249	57942	18345	13829	5109

2-11　2020年水闸数量（按地区分）

Number of Water Gates in 2020 (by Region)

单位：座

地区 Region		合计 Total	按过闸流量大小分 Classified According to Flow			按作用分 Classified According to Functions				
			大型 Large Gate	中型 Medium Gate	小型 Small Gate	分洪闸 Flood Diversion Gate	节制闸 Control Gate	排水闸 Drainage Gate	引水闸 Water Diversion Gate	挡潮闸 Tide Gate
合　计	**Total**	**103474**	**914**	**6697**	**95863**	**8249**	**57942**	**18345**	**13829**	**5109**
北　京	Beijing	443	14	64	365	11	424	2	6	
天　津	Tianjin	1074	13	52	1009	36	502	221	304	11
河　北	Hebei	3069	10	265	2794	267	1724	474	573	31
山　西	Shanxi	749	3	52	694	66	451	100	132	
内蒙古	Inner Mongolia	1745	7	101	1637	267	941	65	472	
辽　宁	Liaoning	1288	47	281	960	76	448	195	494	75
吉　林	Jilin	483	19	64	400	63	228	86	106	
黑龙江	Heilongjiang	1486	7	134	1345	255	421	484	326	
上　海	Shanghai	2482		62	2420		2432			50
江　苏	Jiangsu	21460	38	487	20935	297	15840	2531	2646	146
浙　江	Zhejiang	9568	17	354	9197	373	5777	1488	284	1646
安　徽	Anhui	4748	62	351	4335	593	2060	1258	837	
福　建	Fujian	2109	41	279	1789	429	378	566	89	647
江　西	Jiangxi	4475	26	245	4204	964	1757	1190	564	
山　东	Shandong	5391	106	628	4657	263	3010	806	1254	58
河　南	Henan	4002	37	345	3620	178	1763	1375	686	
湖　北	Hubei	6833	23	169	6641	658	2936	1910	1329	
湖　南	Hunan	11924	151	1118	10655	1011	9123	927	863	
广　东	Guangdong	8217	146	739	7332	837	1489	3440	388	2063
广　西	Guangxi	1612	49	147	1416	260	276	527	171	378
海　南	Hainan	206	3	28	175	57	87	32	26	4
重　庆	Chongqing	52	2	19	31	13	13		26	
四　川	Sichuan	1333	49	107	1177	369	676	56	232	
贵　州	Guizhou	44	1	2	41		1	3	40	
云　南	Yunnan	1696	4	191	1501	103	1338	39	216	
西　藏	Tibet	38	1	3	34		16		22	
陕　西	Shaanxi	432	2	12	418	42	147	112	131	
甘　肃	Gansu	1254	4	77	1173	187	845	81	141	
青　海	Qinghai	132	6	31	95	3	25	12	92	
宁　夏	Ningxia	411		16	395	37	186	100	88	
新　疆	Xinjiang	4718	26	274	4418	534	2628	265	1291	

2-12 2020 年水闸数量（按水资源分区分）

Number of Water Gates in 2020 (by Water Resources Sub-region)

单位：座

水资源 一级区	Grade-I Water Resources Regions	合计 Total	按过闸流量大小分 Classified According to Flow			按作用分 Classified According to Functions				
			大型 Large Gate	中型 Medium Gate	小型 Small Gate	分洪闸 Flood Diversion Gate	节制闸 Control Gate	排水闸 Drainage Gate	引水闸 Water Diversion Gate	挡潮闸 Tide Gate
合　计	**Total**	**103474**	**914**	**6697**	**95863**	**8249**	**57942**	**18345**	**13829**	**5109**
松花江区	Songhua River	2075	25	203	1847	321	700	589	465	
辽河区	Liaohe River	1997	47	349	1601	274	783	213	652	75
海河区	Haihe River	7492	63	557	6872	542	3983	1169	1733	65
黄河区	Yellow River	2909	23	165	2721	180	1561	509	659	
淮河区	Huaihe River	23448	192	1341	21915	575	14577	4499	3635	162
长江区	Yangtze River	41143	270	2110	38763	3715	27803	5526	4021	78
东南诸河区	Southeast Rivers	7207	58	597	6552	711	2353	1488	371	2284
珠江区	Pearl River	10858	205	992	9661	1201	2460	4029	723	2445
西南诸河区	Southwest Rivers	254	2	38	214	19	184	10	41	
西北诸河区	Northwest Rivers	6091	29	345	5717	711	3538	313	1529	

2-13　2020年水闸数量（按水资源分区和地区分）

Number of Water Gates in 2020 (by Water Resources Sub-region and Region)

单位：座 unit: unit

地区	Region	合计 Total	按过闸流量大小分 Classified According to Flow			按作用分 Classified According to Functions				
			大型 Large Gate	中型 Medium Gate	小型 Small Gate	分洪闸 Flood Diversion Gate	节制闸 Control Gate	排水闸 Drainage Gate	引水闸 Water Diversion Gate	挡潮闸 Tide Gate
松花江区	**Songhua River**	**2075**	**25**	**203**	**1847**	**321**	**700**	**589**	**465**	
内蒙古	Inner Mongolia	163		17	146	13	79	28	43	
吉　林	Jilin	426	18	52	356	53	200	77	96	
黑龙江	Heilongjiang	1486	7	134	1345	255	421	484	326	
辽河区	**Liaohe River**	**1997**	**47**	**349**	**1601**	**274**	**783**	**213**	**652**	**75**
内蒙古	Inner Mongolia	666	6	59	601	188	307	9	162	
辽　宁	Liaoning	1274	40	278	956	76	448	195	480	75
吉　林	Jilin	57	1	12	44	10	28	9	10	
海河区	**Haihe River**	**7492**	**63**	**557**	**6872**	**542**	**3983**	**1169**	**1733**	**65**
北　京	Beijing	443	14	64	365	11	424	2	6	
天　津	Tianjin	1074	13	52	1009	36	502	221	304	11
河　北	Hebei	3069	10	265	2794	267	1724	474	573	31
山　西	Shanxi	444		30	414	42	243	62	97	
内蒙古	Inner Mongolia	2			2				2	
辽　宁	Liaoning	14	7	3	4				14	
山　东	Shandong	1954	18	110	1826	125	851	321	634	23
河　南	Henan	492	1	33	458	61	239	89	103	
黄河区	**Yellow River**	**2909**	**23**	**165**	**2721**	**180**	**1561**	**509**	**659**	
山　西	Shanxi	305	3	22	280	24	208	38	35	
内蒙古	Inner Mongolia	728	1	21	706	49	443	27	209	
山　东	Shandong	213	6	20	187	8	115	63	27	
河　南	Henan	753	4	38	711	21	421	155	156	
四　川	Sichuan									
陕　西	Shaanxi	302	2	7	293	11	116	80	95	
甘　肃	Gansu	153	1	11	141	27	55	41	30	
青　海	Qinghai	44	6	30	8	3	17	5	19	
宁　夏	Ningxia	411		16	395	37	186	100	88	
淮河区	**Huaihe River**	**23448**	**192**	**1341**	**21915**	**575**	**14577**	**4499**	**3635**	**162**
江　苏	Jiangsu	14923	32	326	14565	156	10167	2286	2187	127
安　徽	Anhui	2840	47	256	2537	213	1385	750	492	
山　东	Shandong	3224	82	498	2644	130	2044	422	593	35
河　南	Henan	2461	31	261	2169	76	981	1041	363	

2-13　续表　continued

地区 Region		合计 Total	按过闸流量大小分 Classified According to Flow			按作用分 Classified According to Functions				
			大型 Large Gate	中型 Medium Gate	小型 Small Gate	分洪闸 Flood Diversion Gate	节制闸 Control Gate	排水闸 Drainage Gate	引水闸 Water Diversion Gate	挡潮闸 Tide Gate
长江区	**Yangtze River**	**41143**	**270**	**2110**	**38763**	**3715**	**27803**	**5526**	**4021**	**78**
上　海	Shanghai	2482		62	2420		2432			50
江　苏	Jiangsu	6537	6	161	6370	141	5673	245	459	19
浙　江	Zhejiang	4471		36	4435	91	3802	566	3	9
安　徽	Anhui	1907	15	95	1797	380	675	508	344	
江　西	Jiangxi	4475	26	245	4204	964	1757	1190	564	
河　南	Henan	296	1	13	282	20	122	90	64	
湖　北	Hubei	6833	23	169	6641	658	2936	1910	1329	
湖　南	Hunan	11862	147	1107	10608	1007	9069	927	859	
广　西	Guangxi	11			11		7		4	
重　庆	Chongqing	52	2	19	31	13	13		26	
四　川	Sichuan	1333	49	107	1177	369	676	56	232	
贵　州	Guizhou	40	1		39				40	
云　南	Yunnan	712		91	621	41	610	2	59	
陕　西	Shaanxi	130		5	125	31	31	32	36	
甘　肃	Gansu									
青　海	Qinghai	2			2				2	
东南诸河区	**Southeast Rivers**	**7207**	**58**	**597**	**6552**	**711**	**2353**	**1488**	**371**	**2284**
浙　江	Zhejiang	5097	17	318	4762	282	1975	922	281	1637
安　徽	Anhui	1			1				1	
福　建	Fujian	2109	41	279	1789	429	378	566	89	647
珠江区	**Pearl River**	**10858**	**205**	**992**	**9661**	**1201**	**2460**	**4029**	**723**	**2445**
湖　南	Hunan	62	4	11	47	4	54		4	
广　东	Guangdong	8217	146	739	7332	837	1489	3440	388	2063
广　西	Guangxi	1601	49	147	1405	260	269	527	167	378
海　南	Hainan	206	3	28	175	57	87	32	26	4
贵　州	Guizhou	4		2	2		1	3		
云　南	Yunnan	768	3	65	700	43	560	27	138	
西南诸河区	**Southwest Rivers**	**254**	**2**	**38**	**214**	**19**	**184**	**10**	**41**	
云　南	Yunnan	216	1	35	180	19	168	10	19	
西　藏	Tibet	38	1	3	34		16		22	
青　海	Qinghai									
西北诸河区	**Northwest Rivers**	**6091**	**29**	**345**	**5717**	**711**	**3538**	**313**	**1529**	
内蒙古	Inner Mongolia	186		4	182	17	112	1	56	
甘　肃	Gansu	1101	3	66	1032	160	790	40	111	
青　海	Qinghai	86		1	85		8	7	71	
新　疆	Xinjiang	4718	26	274	4418	534	2628	265	1291	

2-14 历年水旱灾害

Flood and Drought Disasters by Year

年份 Year	洪 灾 Flood Disasters							旱 灾 Drought Disasters		
	受灾面积 /千公顷 Disaster-affected Area /10³ha	成灾面积 /千公顷 Damaged Area /10³ha	成灾率 /% Percentage of Damaged Area /%	受灾人口 /万人 Affected Population /10⁴persons	死亡人口 /人 Death Toll /person	直接经济总损失 /亿元 Total Direct Economic Loss /10⁸yuan	水利设施经济损失 /亿元 Economic Loss of Water Facilities /10⁸yuan	受灾面积 /千公顷 Disaster-affected Area /10³ha	成灾面积 /千公顷 Damaged Area /10³ha	成灾率 /% Percentage of Damaged Area /%
1949	9282								52	
1950	6559	4710	71.8		1982			2398	589	24.6
1951	4173	1476	35.4		7819			7829	2299	29.4
1952	2794	1547	55.4		4162			4236	2565	60.6
1953	7187	3285	45.7		3308			8616	1341	15.6
1954	16131	11305	70.1		42447			2988	560	18.7
1955	5247	3067	58.5		2718			13433	4024	30.0
1956	14377	10905	75.9		10676			3127	2051	65.6
1957	8083	6032	74.6		4415			17205	7400	43.0
1958	4279	1441	33.7		3642			22361	5031	22.5
1959	4813	1817	37.8		4540			33807	11173	33.1
1960	10155	4975	49.0		6033			38125	16177	42.4
1961	8910	5356	60.1		5074			37847	18654	49.3
1962	9810	6318	64.4		4350			20808	8691	41.8
1963	14071	10479	74.5		10441			16865	9021	53.5
1964	14933	10038	67.2		4288			4219	1423	33.7
1965	5587	2813	50.3		1906			13631	8107	59.5
1966	2508	950	37.9		1901			20015	8106	40.5
1967	2599	1407	54.1		1095			6764	3065	45.3
1968	2670	1659	62.1		1159			13294	7929	59.6
1969	5443	3265	60.0		4667			7624	3442	45.1
1970	3129	1234	39.4		2444			5723	1931	33.7
1971	3989	1481	37.1		2323			25049	5319	21.2
1972	4083	1259	30.8		1910			30699	13605	44.3
1973	6235	2577	41.3		3413			27202	3928	14.4
1974	6431	2737	42.6		1849			25553	2296	9.0
1975	6817	3467	50.9		29653			24832	5318	21.4
1976	4197	1329	31.7		1817			27492	7849	28.5
1977	9095	4989	54.9		3163			29852	7005	23.5
1978	2820	924	32.8		1796			40169	17969	44.7
1979	6775	2870	42.4		3446			24646	9316	37.8
1980	9146	5025	54.9		3705			26111	12485	47.8
1981	8625	3973	46.1		5832			25693	12134	47.2

2-14 续表 continued

年份 Year	洪 灾 Flood Disasters							旱 灾 Drought Disasters		
	受灾面积 /千公顷 Disaster-affected Area /10³ha	成灾面积 /千公顷 Damaged Area /10³ha	成灾率 /% Percentage of Damaged Area /%	受灾人口 /万人 Affected Population /10⁴persons	死亡人口 /人 Death Toll /person	直接经济总损失 /亿元 Total Direct Economic Loss /10⁸yuan	水利设施经济损失 /亿元 Economic Loss of Water Facilities /10⁸yuan	受灾面积 /千公顷 Disaster-affected Area /10³ha	成灾面积 /千公顷 Damaged Area /10³ha	成灾率 /% Percentage of Damaged Area /%
1982	8361	4463	53.4		5323			20697	9972	48.2
1983	12162	5747	47.3		7238			16089	7586	47.2
1984	10632	5361	50.4		3941			15819	7015	44.3
1985	14197	8949	63.0		3578			22989	10063	43.8
1986	9155	5601	61.2		2761			31042	14765	47.6
1987	8686	4104	47.2		3749			24920	13033	52.3
1988	11949	6128	51.3		4094			32904	15303	46.5
1989	11328	5917	52.2		3270			29358	15262	52.0
1990	11804	5605	47.5		3589	239		18175	7805	42.9
1991	24596	14614	59.4		5113	779		24914	10559	42.4
1992	9423	4464	47.4		3012	413		32980	17049	51.7
1993	16387	8610	52.5		3499	642		21098	8659	41.0
1994	18859	11490	60.9	21523	5340	1797		30282	17049	56.3
1995	14367	8001	55.7	20070	3852	1653		23455	10374	44.2
1996	20388	11823	58.0	25384	5840	2208		20151	6247	31.0
1997	13135	6515	49.6	18067	2799	930		33514	20010	59.7
1998	22292	13785	61.8	18655	4150	2551	287	14237	5068	35.6
1999	9605	5389	56.1	13013	1896	930	132	30153	16614	55.1
2000	9045	5396	59.7	12936	1942	712	103	40541	26777	66.0
2001	7138	4253	59.6	11087	1605	623	98	38480	23702	61.6
2002	12384	7439	60.1	15204	1819	838	166	22207	13247	59.7
2003	20366	13000	63.8	22572	1551	1301	173	24852	14470	58.2
2004	7782	4017	51.6	10673	1282	714	113	17255	7951	46.1
2005	14967	8217	54.9	20026	1660	1662	249	16028	8479	52.9
2006	10522	5592	53.2	13882	2276	1333	208	20738	13411	64.7
2007	12549	5969	47.6	17698	1230	1123	177	29386	16170	55.0
2008	8867	4537	51.2	14047	633	955	172	12137	6798	56.0
2009	8748	3796	43.4	11102	538	846	148	29259	13197	45.1
2010	17867	8728	48.9	21085	3222	3745	692	13259	8987	67.8
2011	7192	3393	47.2	8942	519	1301	210	16304	6599	40.4
2012	11218	5871	52.3	12367	673	2675	468	9333	3509	37.6
2013	11901	6623	55.7	12022	775	3146	445	11220	6971	62.1
2014	5919	2830	47.8	7382	486	1574	249	12272	5677	46.3
2015	6132	3054	49.8	7641	319	1661	254	10067	5577	55.4
2016	9443	5063	53.6	10095	686	3643	698	9873	6131	62.0
2017	5196	2781	53.5	5515	316	2143	345	9946	4490	45.1
2018	6427	3131	48.7	5577	187	1615	258	7397	3667	49.6
2019	6680	—	—	4767	573	1923	409	8778	4180	47.6
2020	7190	—	—	7862	230	2670	645	8352	4081	48.9

2-15 2020年水旱灾害（按地区分）

Flood and Drought Disasters in 2020 (by Region)

地区 Region		洪 灾 Flood Disasters					旱 灾 Drought Disasters	
		受灾面积 /千公顷 Disaster-affected Area /10³ha	受灾人口 /万人 Affected Population /10⁴persons	死亡人口 /人 Death Toll /person	直接经济总损失 /亿元 Total Direct Economic Loss /10⁸yuan	水利设施经济损失 /亿元 Economic Loss of Water Facilities /10⁸yuan	受灾面积 /千公顷 Disaster-affected Area /10³ha	成灾面积 /千公顷 Damaged Area /10³ha
合 计	Total	**7190.0**	**7861.5**	**230**	**2669.8**	**644.76**	**8352.43**	**4080.99**
北 京	Beijing					0.10		
天 津	Tianjin						33.55	25.93
河 北	Hebei	20.1	20.0	3	1.2	0.18	335.12	126.46
山 西	Shanxi	62.7	55.9	8	12.1	4.06	161.12	125.10
内蒙古	Inner Mongolia	128.1	23.5	2	5.5	0.53	1634.62	913.13
辽 宁	Liaoning	50.5	38.6		13.4	8.09	1406.02	1059.93
吉 林	Jilin	40.4	15.7		1.6	10.52	949.70	397.90
黑龙江	Heilongjiang	576.6	79.8	1	20.7	15.57	318.21	123.24
上 海	Shanghai							
江 苏	Jiangsu	123.6	98.0		18.0	4.07	103.83	77.54
浙 江	Zhejiang	42.1	43.5	2	40.8	16.95	11.05	7.40
安 徽	Anhui	1221.3	1046.5	8	600.7	111.61	89.43	18.30
福 建	Fujian	16.1	13.8		21.1	5.84	42.20	20.28
江 西	Jiangxi	902.0	904.2	5	344.5	61.86		
山 东	Shandong	171.9	197.6		41.6	2.15	118.49	50.39
河 南	Henan	505.7	584.6		27.6	9.52	512.94	88.76
湖 北	Hubei	1503.2	1472.2	21	268.9	46.87	165.07	71.03
湖 南	Hunan	659.2	745.8	15	150.3	29.65	88.22	50.28
广 东	Guangdong	59.1	88.9	9	49.8	9.00	194.30	26.89
广 西	Guangxi	129.6	224.2	9	112.0	20.83	185.50	81.31
海 南	Hainan	6.9	3.0		1.2	1.39	29.99	10.45
重 庆	Chongqing	127.7	851.1	45	425.2	40.62	494.11	195.59
四 川	Sichuan	359.6	367.0	14	163.3	120.71	26.25	26.13
贵 州	Guizhou	149.5	340.0	29	73.7	8.85	63.69	7.59
云 南	Yunnan	147.1	287.8	22	56.0	11.65	666.59	288.15
西 藏	Tibet	3.1	9.1	2	3.3	2.42		
陕 西	Shaanxi	62.5	116.8	12	53.7	14.11	482.00	142.00
甘 肃	Gansu	74.7	192.8	14	158.9	81.22	66.64	29.69
青 海	Qinghai	22.4	23.4	5	1.6	2.69		
宁 夏	Ningxia	15.1	8.3		1.0	0.75		
新 疆	Xinjiang	9.2	9.4	4	2.1	0.21	174.00	118.00
流 域 直 属	River Basin Commissions							

River Regulation

2-16 历年除涝面积和治碱面积

Drainage and Saline Control Areas by Year

单位：千公顷

unit: 10³ha

年份 Year	易涝面积 Waterlogging Area	除涝面积合计 Total Drainage Control Area	3～5年 3-5 Years	5年以上 More than 5 Years	盐碱耕地 面积 Area of Saline and Alkaline Farmland	盐碱耕地 改良面积 Area of improved Saline and Alkaline Farmland
1980	23410.00	17847.33	7316.00	10531.33	7302.00	4235.33
1981	23776.67	17896.00	7174.00	10722.00	7145.33	4262.67
1982	23776.67	18092.67	7210.67	10882.00	7243.33	4265.33
1983	24066.00	18200.67	7194.67	11006.00	7243.33	4391.33
1984	24235.33	18399.33	7157.33	11242.00	7357.33	4474.00
1985	24086.67	18584.00	7217.33	11366.67	7331.33	4569.33
1986	24229.33	18760.67	7430.67	11330.00	7692.00	4623.33
1987	24337.33	18958.00	7521.33	11436.67	7606.67	4755.33
1988	24348.00	19064.00	7532.00	11532.00	7636.00	4830.00
1989	24425.33	19229.33	7566.00	11663.33	7672.00	4883.33
1990	24466.67	19336.66	7671.33	11665.33	7538.67	4995.09
1991	24424.00	19580.30	8004.00	11576.30	7539.33	5110.09
1992	24410.00	19769.76	7996.88	11772.88	7617.83	5210.21
1993		19883.48	8068.40	11815.08	7633.22	5304.62
1994		19678.55	8172.43	11506.12	7655.82	5350.83
1995		20055.64	8241.97	11813.67	7655.82	5433.91
1996		20278.74	8367.67	11911.07		5513.15
1997		20525.80	8540.54	11985.26		5612.25
1998		20680.73	8645.98	12034.75		5653.94
1999		20838.48	8878.23	11960.25		5736.82
2000		20989.70	8812.76	12176.94		5841.36
2001		21021.33	8841.33	12180.00		5750.67
2002		21097.11	8916.94	12180.17		5282.86
2003		21137.31	8918.54	12218.77		5864.59
2004		21198.00				5961.56
2005		21339.74	9272.60	12067.14		
2006		21376.31	9197.50	12178.80		
2007		21419.14	9208.24	12210.90		
2008		21424.55	9334.67	12089.87		
2009		21584.32	9370.59	12213.73		
2010		21691.74	9427.39	12264.35		
2011		21721.62	9505.51	12216.11		
2012		21857.33	9515.22	12342.11		
2013		21943.10	9517.05	12426.05		
2014		22369.34	9751.38	12617.97		
2015		22712.71	9796.27	12916.44		
2016		23066.67	9704.95	13361.72		
2017		23824.33	9526.26	14298.07		
2018		24261.74	9559.06	14702.68		
2019		24529.61	9468.05	15061.56		
2020		24586.43	9515.95	15070.48		

2-17　2020年除涝面积（按地区分）

Drainage Control Area in 2020 (by Region)

单位：千公顷　　　　　　　　　　　　　　　　　　　　　　　　　　　　　　　　　　　unit: 10³ha

地区	Region	除涝面积合计 Total Drainage Control Area				新增除涝面积 Newly-increased Drainage Control Area
			3～5 年 3-5 Years	5～10 年 5-10 Years	10 年以上 More than 10 Years	
合　计	**Total**	**24586.43**	**9515.95**	**8826.41**	**6244.07**	**242.63**
北　京	Beijing	12.00			12.00	
天　津	Tianjin	364.58	83.87	210.90	69.81	
河　北	Hebei	1638.06	805.60	759.40	73.06	0.01
山　西	Shanxi	89.25	60.06	28.76	0.43	
内蒙古	Inner Mongolia	277.00	157.76	84.87	34.37	
辽　宁	Liaoning	931.73	179.75	407.96	344.02	
吉　林	Jilin	1033.95	149.56	353.72	530.67	
黑龙江	Heilongjiang	3411.11	2382.13	945.86	83.12	0.35
上　海	Shanghai	53.41	2.99	5.02	45.40	0.43
江　苏	Jiangsu	4483.01	220.08	1216.25	3046.68	73.63
浙　江	Zhejiang	567.39	123.47	212.90	231.02	12.17
安　徽	Anhui	2490.18	1007.44	1341.89	140.85	31.98
福　建	Fujian	169.81	86.08	54.73	29.00	3.53
江　西	Jiangxi	441.20	216.36	193.73	31.11	6.22
山　东	Shandong	3096.15	1439.86	1452.53	203.76	42.34
河　南	Henan	2167.10	1668.21	474.23	24.66	18.33
湖　北	Hubei	1429.84	218.31	400.75	810.78	31.17
湖　南	Hunan	443.52	144.26	227.08	72.18	2.57
广　东	Guangdong	543.82	62.32	98.75	382.75	3.04
广　西	Guangxi	237.24	126.57	99.46	11.21	0.69
海　南	Hainan	25.80	10.31	5.63	9.86	0.37
重　庆	Chongqing					
四　川	Sichuan	103.59	53.63	45.57	4.39	2.43
贵　州	Guizhou	125.90	45.12	66.88	13.90	0.74
云　南	Yunnan	304.81	190.72	92.84	21.25	11.02
西　藏	Tibet	3.98	1.51	2.13	0.34	0.59
陕　西	Shaanxi	103.37	67.66	30.31	5.40	1.02
甘　肃	Gansu	16.00	6.23	1.73	8.04	
青　海	Qinghai					
宁　夏	Ningxia					
新　疆	Xinjiang	22.63	6.09	12.53	4.01	

2-18 2020年除涝面积（按水资源分区分）

Drainage Control Area in 2020 (by Water Resources Sub-region)

单位：千公顷   unit: 10³ha

水资源 一级区	Grade-Ⅰ Water Resources Regions	除涝面积合计 Total Drainage Control Area				新增除涝面积 Newly-increased Drainage Control Area
			3～5 年 3-5 Years	5～10 年 5-10 Years	10 年以上 More than 10 Years	
合　计	**Total**	**24586.43**	**9515.95**	**8826.41**	**6244.07**	**242.63**
松花江区	Songhua River	4368.14	2599.35	1222.95	545.84	0.35
辽河区	Liaohe River	1242.35	242.71	553.80	445.84	
海河区	Haihe River	3300.69	1582.16	1513.66	204.87	6.29
黄河区	Yellow River	589.15	373.29	160.02	55.84	4.58
淮河区	Huaihe River	8391.89	3090.81	3243.96	2057.12	126.09
长江区	Yangtze River	5117.64	1094.79	1619.79	2403.06	78.85
东南诸河区	Southeast Rivers	476.43	185.87	186.33	104.23	12.49
珠江区	Pearl River	963.90	262.68	289.77	411.45	11.74
西南诸河区	Southwest Rivers	112.81	78.20	23.60	11.01	2.24
西北诸河区	Northwest Rivers	23.43	6.09	12.53	4.81	

2-19 2020年除涝面积（按水资源分区和地区分）

Drainage Control Area in 2020 (by Water Resources Sub-region and Region)

单位：千公顷 unit: 10³ha

地区	Region	除涝面积合计 Total Drainage Control Area	3~5 年 3-5 Years	5~10 年 5-10 Years	10 年以上 More than 10 Years	新增除涝面积 Newly-increased Drainage Control Area
松花江区	**Songhua River**	**4368.14**	**2599.35**	**1222.95**	**545.84**	**0.35**
内蒙古	Inner Mongolia	106.86	89.85	17.01		
吉 林	Jilin	850.17	127.37	260.08	462.72	
黑龙江	Heilongjiang	3411.11	2382.13	945.86	83.12	0.35
辽河区	**Liaohe River**	**1242.35**	**242.71**	**553.80**	**445.84**	
内蒙古	Inner Mongolia	126.84	40.77	52.20	33.87	
辽 宁	Liaoning	931.73	179.75	407.96	344.02	
吉 林	Jilin	183.78	22.19	93.64	67.95	
海河区	**Haihe River**	**3300.69**	**1582.16**	**1513.66**	**204.87**	**6.29**
北 京	Beijing	12.00			12.00	
天 津	Tianjin	364.58	83.87	210.90	69.81	
河 北	Hebei	1638.06	805.60	759.40	73.06	0.01
山 西	Shanxi	32.48	21.84	10.41	0.23	
内蒙古	Inner Mongolia	0.91	0.91			
辽 宁	Liaoning					
山 东	Shandong	1064.77	518.27	498.96	47.54	3.85
河 南	Henan	187.89	151.67	33.99	2.23	2.43
黄河区	**Yellow River**	**589.15**	**373.29**	**160.02**	**55.84**	**4.58**
山 西	Shanxi	56.77	38.22	18.35	0.20	
内蒙古	Inner Mongolia	42.39	26.23	15.66	0.50	
山 东	Shandong	117.07	27.95	43.24	45.88	
河 南	Henan	273.99	218.49	54.69	0.81	4.13
四 川	Sichuan	0.87	0.87			
陕 西	Shaanxi	91.02	60.13	26.35	4.54	0.45
甘 肃	Gansu	7.04	1.40	1.73	3.91	
青 海	Qinghai					
宁 夏	Ningxia					
淮河区	**Huaihe River**	**8391.89**	**3090.81**	**3243.96**	**2057.12**	**126.09**
江 苏	Jiangsu	3109.34	193.77	1082.04	1833.53	65.93
安 徽	Anhui	1861.14	845.06	923.12	92.96	10.36
山 东	Shandong	1914.31	893.64	910.33	110.34	38.49
河 南	Henan	1507.10	1158.34	328.47	20.29	11.31

2-19 续表 continued

地区	Region	除涝面积合计 Total Drainage Control Area	3~5 年 3-5 Years	5~10 年 5-10 Years	10 年以上 More than 10 Years	新增除涝面积 Newly-increased Drainage Control Area
长江区	**Yangtze River**	**5117.64**	**1094.79**	**1619.79**	**2403.06**	**78.85**
上 海	Shanghai	53.41	2.99	5.02	45.40	0.43
江 苏	Jiangsu	1373.67	26.31	134.21	1213.15	7.70
浙 江	Zhejiang	260.77	23.68	81.30	155.79	3.21
安 徽	Anhui	629.04	162.38	418.77	47.89	21.62
江 西	Jiangxi	441.20	216.36	193.73	31.11	6.22
河 南	Henan	198.12	139.71	57.08	1.33	0.46
湖 北	Hubei	1429.84	218.31	400.75	810.78	31.17
湖 南	Hunan	439.38	141.82	225.86	71.70	2.57
广 西	Guangxi	3.65	1.91	1.45	0.29	
重 庆	Chongqing					
四 川	Sichuan	102.72	52.76	45.57	4.39	2.43
贵 州	Guizhou	55.45	25.20	17.44	12.81	0.62
云 南	Yunnan	109.88	71.00	34.65	4.23	1.85
陕 西	Shaanxi	12.35	7.53	3.96	0.86	0.57
甘 肃	Gansu	8.16	4.83		3.33	
青 海	Qinghai					
东南诸河区	**Southeast Rivers**	**476.43**	**185.87**	**186.33**	**104.23**	**12.49**
浙 江	Zhejiang	306.62	99.79	131.60	75.23	8.96
安 徽	Anhui					
福 建	Fujian	169.81	86.08	54.73	29.00	3.53
珠江区	**Pearl River**	**963.90**	**262.68**	**289.77**	**411.45**	**11.74**
湖 南	Hunan	4.14	2.44	1.22	0.48	
广 东	Guangdong	543.82	62.32	98.75	382.75	3.04
广 西	Guangxi	233.59	124.66	98.01	10.92	0.69
海 南	Hainan	25.80	10.31	5.63	9.86	0.37
贵 州	Guizhou	70.45	19.92	49.44	1.09	0.12
云 南	Yunnan	86.1	43.03	36.72	6.35	7.52
西南诸河区	**Southwest Rivers**	**112.81**	**78.20**	**23.60**	**11.01**	**2.24**
云 南	Yunnan	108.83	76.69	21.47	10.67	1.65
西 藏	Tibet	3.98	1.51	2.13	0.34	0.59
青 海	Qinghai					
西北诸河区	**Northwest Rivers**	**23.43**	**6.09**	**12.53**	**4.81**	
内蒙古	Inner Mongolia					
甘 肃	Gansu	0.80			0.8	
青 海	Qinghai					
新 疆	Xinjiang	22.63	6.09	12.53	4.01	

主要统计指标解释

已建成水库座数　在江河上筑坝（闸）所形成的能拦蓄水量、调节径流的蓄水区的数量。

大型水库：总库容在1亿立方米及以上。

中型水库：总库容在1000万（含1000万）～1亿立方米。

小型水库：库容在10万（含10万）～1000万立方米。

水库库容　从设计规模和统计角度规定如下：

（1）总库容：即校核水位以下的库容。包括死库容、兴利库容、防洪库容（减掉和兴利库容重复部分）之综合，称总库容。

（2）兴利库容：一般为正常高水位至死水位之间的库容。

（3）调洪库容或防洪库容：指校核洪水位与防洪限制水位（也叫汛期限制水位）之间的库容。防汛限制水位是水库在汛期的下限水位，这个水位以上的库容在汛期专供滞蓄防洪标准内的洪水使用，洪水到来之前水库蓄水不允许超过此水位。

堤防长度　建成或基本建成的在江、河、湖、海岸边用于防洪、防潮的工程长度之总和，包括新中国成立前建成以及需要加固加高培厚的老堤防，但不包括单纯除涝河道的堤防和弃土形成的堤防，也不包括子埝和生产堤。所谓基本建成，是指按设计标准已经完成并能发挥设计效益，但还留有少量尾工的工程。

堤防保护人口　报告期堤防保护范围内的全部人口数。也就是假设河流在设计最大洪水通过时，如没有堤防或一旦堤防决口，所能淹及的最大范围内在报告期当年年末全部人口数。

堤防保护耕地面积　堤防保护范围内的耕地。即按设计最大洪水通过时，假设不修堤防的情况下，洪水所能淹及的最大范围内的耕地面积。

累计达标堤防长度　根据《防洪标准》（GB 50201—94）和江河防洪规划，已达到国家所认定的堤防等级的堤防长度。根据《防洪标准》规定，由于堤防保护的耕地面积和人口不同，以及城市、工矿企业、交通干线等防护对象的重要性程度不同，堤防工程的防洪标准不一样。达标堤防是指按国家标准堤防工程设计规范进行堤防工程标准设计，施工完成后达到设计规定要求的堤防。

堤防工程的级别　按防洪标准分为五个级别。堤防工程防护对象的防洪标准应按照《防洪标准》确定。

主要堤防　保护耕地面积在30万亩以上（包括30万亩）或保护重要工矿、企业、交通干线、国防设施、机场、主要城镇的河道堤防及海堤（海塘）。

水闸数量　水利工程中用以控制水流、水位、通航的水工建筑物的数量。关闭或开启闸门起到调节闸上、下游水位，控制泄流以达到防洪、引水、排水、通航、发电等作用。按流量划分：大型水闸指校核过闸流量1000立方米每秒及以上水闸；中型水闸指校核过闸流量100～1000立方米每秒的水闸；小型水闸指校核过闸流量10～100立方米每秒的水闸。

分洪闸　为了保护河道下游堤防及重要城镇、工厂、矿区的安全，在河道遇到特大洪水时宣泄部分洪水进入湖泊、洼地等分洪区（或滞洪区）中，以削减洪峰，免除洪水泛滥所造成的灾害而在河岸边修的水闸。

节制闸　为控制河渠、湖泊水位，保证引水、供水要求而修建的水闸。这种闸一般是拦河、渠而修建的，又称拦河闸。

排水闸　为排除内涝积水在河道两岸修建的闸，或在分洪区（或滞洪闸）出口处设置的尾水闸、退水闸。

引水闸（渠首闸）　从河流、湖泊、水库中引水进行灌溉、发电等而在引水源口处设置的水闸，其功能主要是引水。

挡潮闸　在沿海河口附近修建的发挥排水、挡潮作用的水闸。

洪涝灾害　因降雨、融雪、冰凌、溃坝（堤）、风暴潮、热带气旋等造成的江河洪水、渍涝、山洪、滑坡和泥石流等，以及由其引发的次生灾害。

受灾面积　因洪涝灾害造成在田农作物产量损失一成（含一成）以上的播种面积（含成灾、绝收面积），同一地块的当季农作物遭受一次以上洪涝灾害时，只计其中最严重的一次。

成灾面积　因洪涝灾害造成在田农作物受灾面积中，产量损失三成（含三成）以上的播种面积（含绝收面积）。

干旱灾害　因降水少、水资源短缺，对城乡居民生活、工农业生产造成直接影响的旱情，以及旱情发生后给工农业生产造成的旱灾损失。

作物受灾面积　在受旱面积中作物产量比正常年产量减产一成以上的面积。

作物成灾面积　在受旱面积中作物产量比正常年产量减产三成（含三成）以上的面积。

易涝面积　抗涝能力标准低的低洼涝耕地面积。2003年年报开始只统计"十五"现状数，即2001年年初的时点数，包括未治理的易涝耕地面积和排涝设施严重老化毁损的易涝面积。

除涝面积　通过水利工程如围垦、抽水等对易涝面

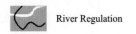

积进行治理，使易涝耕地免除淹涝称除涝面积。按除涝的标准分为3～5年、5～10年和10年以上。易涝面积虽经过治理，但标准尚未达到3年一遇标准的，不作为除涝面积统计。

盐碱耕地面积 土壤中含有盐碱、影响农作物生长甚至接近不能耕种的面积。

盐碱耕地改良面积 在新、老盐碱耕地上进行水利、农业和土壤改良等措施，在正常年景使农作物出苗率达到70%以上的面积。

Explanatory Notes of Main Statistical Indicators

Number of completed reservoirs The storage area that is formed by constructing a dam (gate) to detain and store water and regulate runoff.

Large reservoir: the total storage capacity is over 100 million m^3 (including 100 million m^3).

Medium reservoir: the total storage capacity is between 10 million m^3 (including 10 million m^3) to 100 million m^3.

Small reservoir: the total storage capacity is between 0.1 million m^3 (including 0.1 million m^3) to 10 million m^3.

Storage capacity of reservoir Following indicators are defined according to the scale of design and needs of statistics.

1. Total storage capacity: refers to storage capacity under the check water level. Total storage capacity includes dead storage capacity, usable storage capacity, and flood control storage capacity (deducting the repeating part of usable storage).

2. Usable storage capacity: refers to storage capacity between levels of normal high to dead water.

3. Flood regulation capacity or flood control storage capacity: refers to storage capacity between check floodwater to floodwater limit (also termed limited water level in flood season). Floodwater limit refers to the lowest level of reservoir in flood season, which is used to store and detain floods specified by flood control standard; before floodwater comes, water level of reservoirs is not allowed to exceed this limit.

Length of embankment Total length of embankment is the sum of completed or mostly completed levees or dykes along a river and lake, sea dike, polder and flood control wall etc., including old embankments built before the founding of People's Republic of China in 1949 and those need to be strengthened, heightened and thickened, but excluding embankment purely for waterlogging control and spoil dike, as well as sub-cofferdam or production dikes. Mostly completed embankment refers to a project that has a few of works to end up, but it can put into use and generate benefit according to design standard.

Protected population of embankment Total population protected by embankment during report period. In another word, the total population inundated by flood as a maximum at the end of the year when the design maximum flood passes river courses and if no embankment or break of embankment exists.

Protected farmland of embankment Cultivated land under the protection of embankment, i.e. inundated farmland of flood as a maximum if design maximum flood passes and no embankment exists.

Accumulated length of up-to-standard embankment Total length of embankment that has reached national standard, in accordance of *National Standards for Flood Control* (GB 50201-94) and river flood control planning.

According to the current *National Standards for Flood Control*, the standards of embankment can be varied in accordance with protected cultivated area or population and importance of protected target such as a city, industrial and mining enterprises or key transportation line. Up-to-standard embankment refers to those designed and constructed according to national standards, and meet all requirements of original design upon completion.

Classification of embankment Embankment is classified into five categories according to flood control standards; the category of embankment for a protected target is determined according to the current *National Standards for Flood Control*.

Key embankment and dyke Embankment or levees along the river or sea dikes used for protecting farmlands of above 300,000 mu (including 300,000 mu), or important pastures land, and those areas less than 300,000 mu but where have important mine, enterprise, transportation line, national defense facilities, airport and key cities and towns.

Number of water gates Number of hydraulic structures employed for controlling flow and water level or for navigation. When the gate is open or close, water level at upper and down stream and discharge can be controlled in order to realize flood prevention, water diversion, drainage, navigation, and power generation. According to water flow, large size refers to the gate with a check flow of 1,000 m^3/s or above; medium size refers to gate with a check flow of 100–1,000 m^3/s, and small size refers to gate with a check flow of 10–100 m^3/s.

Flood diversion gates Water gates are constructed beside river banks to protect the safety of dikes, major cities, factories, mines in lower reaches, and drain water into lakes, low ground or flood detention basins, in order to reduce flood peak and prevent flooding when severe flood happens.

Control gates Water gates are built to control water level of rivers, canals or lakes to ensure water diversion and water supply. Water control gates are also termed barrage gates.

Drainage gates Water gates are located beside river banks to drain waterlogging, or constructed in the outlets of flood detention basins (flood retarding gates) as tail locks and waste locks.

Water diversion gates (head gates) Water gates are built in water sources to divert water from rivers, lakes and reservoirs to irrigate, generate hydropower, etc., but its main purpose is to divert water.

Tide gates Water gates are located in coastal estuaries to drain water or prevent tides.

Flood & waterlogging disasters River flood, waterlogging or inland inundation, mountain flood, landslide and mudflow caused by rainfall, snow melting, river ice jam, dam failure, storm tide and tropical cyclone, as well as secondary disasters induced by them.

Affected area   Cultivated area (including damaged area and no harvest area) where loss of crop yield is more than 10% (including 10%) due to flood and waterlogging disasters; the most serious damage is calculated only when crop in same land suffer from more than one flood and waterlogging disaster during the same season.

Damaged area   Cultivated area (including no harvest area) where loss of crop yield is more than 30% (including 30%) due to flood and waterlogging disasters.

Drought disaster   It refers to a disaster that results in direct impact on life of people, industrial and agricultural production in urban and rural areas because of less precipitation and water shortage.

Drought affected area   It refers to drought-affected area where loss of crop yield is 10% more than normal years.

Drought damaged area   It refers to drought-affected area where loss of crop yield is 30% more (including 30%) than normal years.

Waterlogging area   It refers to low-lying farmland with a poor capacity of waterlogging control. Starting from the year of 2003, the annual report only provides statistics of current status in the 10th Five-Year Plan Period, i.e. the data in the early 2001, including waterlogging-prone farmland areas without control measures or those with severely damaged or aged facilities.

Drainage control area   The area of prone-waterlogging farmland controlled by waterworks such as cofferdams and water pump. The standard for waterlogging control is divided into 3–5 years, 5–10 years and above 10 years. Drainage control area do not include the farmland that has not reach to the waterlogging control standard of once in three years return period, even though efforts have been made to make improvement.

Area of saline and alkaline farmland   The area cannot be or almost cannot be cultivated because the soil contains salt and alkaline that affects the growing of crops.

Reclaimed area of saline and alkaline farmland   The reclaimed area of old or newly-emerged saline and alkaline farmlands that have a percentage of seedling emergence at and above 70% in normal years, thanks to the measure of water conservation, agricultural technology and soil improvement.

3 农业灌溉

Agricultural Irrigation

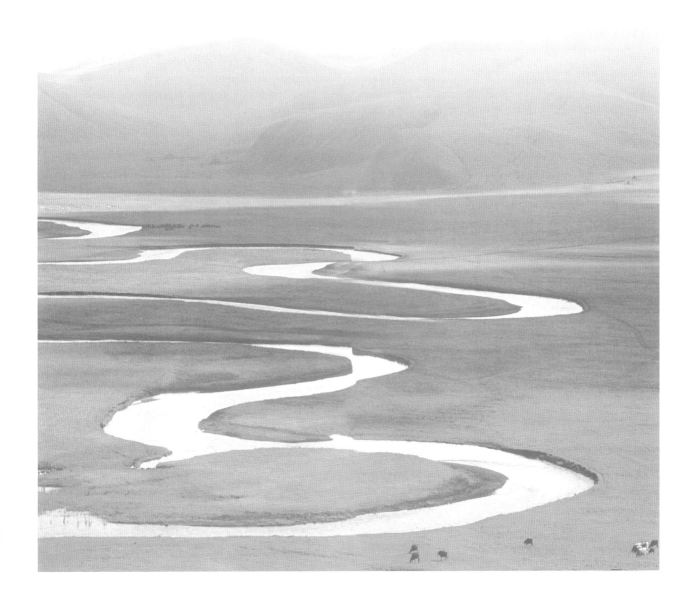

简 要 说 明

农业灌溉统计资料主要包括农田水利设施的数量和产生的效益，分为灌溉面积、灌区、机电排灌站以及节水灌溉面积等四大类。

农业灌溉资料按水资源一级分区和地区分组。

1. 灌溉面积统计范围：已建成或基本建成的灌溉工程、水利综合利用工程、农田水利工程的灌溉面积，包括水利、农业等部门建设的灌溉面积。

2. 按耕地灌溉面积达到万亩以上的统计口径调整2008年数据；2012年，灌区统计口径调整为设计灌溉面积2000亩及以上灌区。

3. 节水灌溉面积只统计利用工程措施节水的面积。

4. 万亩以上灌区、机电排灌站历史资料汇总 1974年至今数据；灌溉面积历史资料汇总1949年至今数据；农田排灌机械、机电灌溉面积历史资料汇总1949—2012年数据；机电井历史资料汇总1961年至今数据。

5. 灌溉面积、灌区、机电井数据已与2011年水利普查数据进行了衔接。

Brief Introduction

Statistical data of agricultural irrigation mainly covers number of farm irrigation facilities and benefit generation, and is divided into four types of irrigated area, irrigation district, electromechanical irrigation station and water-saving irrigated area.

The data of agricultural irrigation is grouped in accordance with Grade-I water resources regions and regions.

1. Scope of statistics for irrigated area covers completed or mostly completed irrigation projects, multiple-purpose projects, irrigation and drainage systems, including the statistical data of water and agricultural departments and others.

2. The data in 2008 is adjusted based on irrigated area up to ten thousand mu. The data in 2012 is adjusted based on irrigation district with a designed irrigated area of two thousand mu and above.

3. Water-saving irrigated area only includes those with structure measures.

4. Historical data of irrigation district with an irrigated area up to ten thousand mu as well as electro-mechanical drainage stations are collected from 1974 until present. Data of irrigated area are collected from 1949 until present; farmland mechanical equipment for irrigation and drainage, electro-mechanical irrigated area are collected from 1949 to 2012; the data of electro-mechanical wells are collected from 1961 until present.

5. The data of irrigated area, irrigation district and electro-mechanical wells is integrated with the First National Water Census in 2011.

3-1 主 要 指 标

Key Indicators

指标名称	Item	单位	unit	2011	2012	2013	2014	2015	2016	2017	2018	2019	2020
灌溉面积	Irrigated Area	千公顷	10³ha	67743	67783	69481	70652	72061	73177	73946	74542	75034	75687
耕地灌溉面积	Irrigated Area of Cultivated Land	千公顷	10³ha	61682	62491	63473	64540	65873	67141	67816	68272	68679	69161
占耕地面积[①]	In Total Cultivated Land[①]	%	%	50.8	51.3	52.9	53.8	48.8	49.8	50.3	50.7	51.0	51.3
林地灌溉面积	Irrigated Area of Forest Land	千公顷	10³ha	1899	1767	2111	2229	2211	2388	2403	2510	2601	2672
牧草灌溉面积	Irrigated Area of Grassland	千公顷	10³ha	1265	819	1059	1092	1079	1076	1104	1115	1102	1150
耕地实灌面积	Actual Irrigated Cultivated Land	千公顷	10³ha	53982		53105	54975	56739	58107	58553	58574	57914	58352
占耕地灌溉面积	In Irrigated Area of Cultivated Land	%	%	87.5		83.7	85.2	86.1	86.5	86.3	85.8	84.3	84.4
节水灌溉面积	Water-saving Irrigated Area	千公顷	10³ha	29179	31217	27109	29019	31060	32847	34319	36135	37059	37796
万亩以上灌区数量	Irrigation District with an Area of 10,000 mu and above	处	unit	5824	7756	7709	7709	7773	7806	7839	7881	7884	7713
其中：30万亩以上	Among Which: Irrigated Area up to 300,000 mu and above	处	unit	348	456	456	456	456	458	458	461	460	454
万亩以上灌区耕地灌溉面积	Irrigated Area of Irrigation District with an Area of 10,000 mu and above	千公顷	10³ha	29748	30191	30216	30256	32302	33045	33262	33324	33501	33638
其中：30万亩以上	Among Which: Irrigated Area up to 300,000 mu and above	千公顷	10³ha	15786	11260	11252	11251	17686	17765	17840	17799	17995	17822
机电排灌面积	Irrigated and Drainage Area with Mechanical and Electrical Equipment	千公顷	10³ha	41465	42491								
其中：机电提灌面积	Among Which: Lifting Irrigated Area	千公顷	10³ha	37079	38152								
排灌机械保有量	Registered Irrigation and Drainage Mechinery and Equipment	千千瓦	10³kW	88237	102222								
固定机电排灌站	Fixed Irrigation and Drainage Stations	万处	10⁴unit	42.33	43.41								

① 耕地面积按国家统计局《2017 年中国统计年鉴》数据 20.2381 亿亩。

① The data of cultivated land is 20.2381×10⁸ mu, and sourced from *China Statistical Yearbook 2017*.

3-2 历年万亩以上灌区数量和耕地灌溉面积
Irrigation Districts with an Area above 10,000 mu by Year

年份 Year	合计 Total		#50万亩以上灌区 Irrigation Districts with an Area up to 500,000 mu and above		#30万~50万亩灌区 Irrigation Districts with an Area from 300,000 to 500,000 mu	
	处数 /处 Number /unit	耕地灌溉面积 /千公顷 Irrigated Area of Cultivated Land /10³ha	处数 /处 Number /unit	耕地灌溉面积 /千公顷 Irrigated Area of Cultivated Land /10³ha	处数 /处 Number /unit	耕地灌溉面积 /千公顷 Irrigated Area of Cultivated Land /10³ha
1980	5289	20486	66	5737	72	1817
1981	5247	20363	66	5720	71	1777
1982	5252	20578	66	5788	72	1825
1983	5288	20941	67	5941	76	1789
1984	5319	20775	71	5994	69	1738
1985	5281	20777	71	5996	66	1670
1986	5299	20869	70	5988	71	1793
1987	5343	21144	70	6014	75	1889
1988	5302	21075	71	6066	75	1877
1989	5331	21177	72	6119	78	1933
1990	5363	21231	72	6048	76	1896
1991	5665	23292	73	6169	91	2186
1992	5531	23632	74	6184	92	2270
1993	5567	24483	74	6239	92	2318
1994	5523	22353	74	6288	98	2429
1995	5562	22499	74	6314	99	2444
1996	5606	22062	75	6150	108	2665
1997	5579	22495	77	6408	115	2862
1998	5611	22747	79	6692	114	2769
1999	5648	23580	90	7632	123	3093
2000	5683	24493	101	7883	141	3440
2001	5686	24766	108	8617	169	4054
2002	5691	25030	110	9158	168	4072
2003	5729	25244	112	9381	169	4084
2004	5800	25506	111	9714	169	4057
2005	5860	26419	117	10230	170	4080
2006	5894	28021	119	10520	166	4092
2007	5869	28341	120	10519	174	4148
2008	5851	29440	120	10768	205	4633
2009	5844	29562	125	10828	210	4747
2010	5795	29415	131	10918	218	4740
2011	5824	29748	129	10990	219	4796
2012	7756	30191	177	6243	280	5017
2013	7709	30216	176	6241	280	5010
2014	7709	30256	176	6241	280	5010
2015	7773	32302	176	12024	280	5663
2016	7806	33045	177	12335	281	5430
2017	7839	33262	177	12416	281	5425
2018	7881	33324	175	12399	286	5400
2019	7884	33501	176	12609	284	5386
2020	7713	33638	172	12344	282	5478

3-3　2020 年万亩以上灌区数量和耕地灌溉面积（按地区分）

Irrigation Districts with an Area above 10,000 mu in 2020 (by Region)

地区	Region	合计 Total		#50 万亩以上灌区 Irrigation Districts up to 500,000 mu and above		#30 万~50 万亩灌区 Irrigation Districts from 300,000 to 500,000 mu	
		处数/处 Number /unit	耕地灌溉面积/千公顷 Irrigated Area of Cultivated Land /10³ha	处数/处 Number /unit	耕地灌溉面积/千公顷 Irrigated Area of Cultivated Land /10³ha	处数/处 Number /unit	耕地灌溉面积/千公顷 Irrigated Area of Cultivated Land /10³ha
合　计	Total	7713	33638	172	12344	282	5478
北　京	Beijing	10	54			1	23
天　津	Tianjin	30	106			1	28
河　北	Hebei	151	1122	6	432	15	292
山　西	Shanxi	188	896	7	320	5	99
内蒙古	Inner Mongolia	236	1456	10	884	5	97
辽　宁	Liaoning	70	464	5	201	6	102
吉　林	Jilin	135	398	5	75	5	81
黑龙江	Heilongjiang	389	1389	3	244	24	352
上　海	Shanghai	1	3				
江　苏	Jiangsu	258	2400	7	314	25	612
浙　江	Zhejiang	129	557			8	186
安　徽	Anhui	520	2131	7	983	3	103
福　建	Fujian	165	251		1	4	61
江　西	Jiangxi	312	792	5	176	13	179
山　东	Shandong	493	3177	18	1359	35	661
河　南	Henan	331	2479	18	1502	19	292
湖　北	Hubei	555	2642	15	835	25	526
湖　南	Hunan	682	1612	5	132	17	371
广　东	Guangdong	488	770	2	113	1	7
广　西	Guangxi	352	685	3	82	8	127
海　南	Hainan	66	349	1	138		
重　庆	Chongqing	130	168				
四　川	Sichuan	398	1392	6	803	4	74
贵　州	Guizhou	111	112				
云　南	Yunnan	346	821	2	59	10	181
西　藏	Tibet	120	101		15	1	19
陕　西	Shaanxi	187	866	8	459	4	66
甘　肃	Gansu	250	1198	4	205	20	420
青　海	Qinghai	91	149				
宁　夏	Ningxia	35	615	4	490	1	21
新　疆	Xinjiang	484	4482	31	2520	22	502

3-4 2020年万亩以上灌区数量和耕地灌溉面积（按水资源分区分）

Irrigation Districts with an Area above 10,000 mu in 2020 (by Water Resources Sub-region)

水资源 一级区 Grade-I Water Resources Sub-region	合计 Total		#50万亩以上灌区 Irrigated Area up to 500,000 mu and above		#30万～50万亩灌区 Irrigated Area from 300,000 to 500,000 mu	
	处数 /处 Number /unit	耕地灌溉面积 /千公顷 Irrigated Area of Cultivated Land /10³ha	处数 /处 Number /unit	耕地灌溉面积 /千公顷 Irrigated Area of Cultivated Land /10³ha	处数 /处 Number /unit	耕地灌溉面积 /千公顷 Irrigated Area of Cultivated Land /10³ha
合 计 Total	7713	33638	172	12344	282	5478
松花江区 Songhua River	560	1857	9	339	28	432
辽河区 Liaohe River	181	895	8	276	11	180
海河区 Haihe River	403	3396	20	1662	25	496
黄河区 Yellow River	772	4105	31	2353	21	365
淮河区 Huaihe River	922	6022	25	2120	61	1244
长江区 Yangtze River	2707	8664	38	2526	70	1409
东南诸河区 Southeast Rivers	271	755		1	12	247
珠江区 Pearl River	1009	2064	7	376	11	173
西南诸河区 Southwest Rivers	289	466		15	4	72
西北诸河区 Northwest Rivers	599	5414	34	2675	39	861

3-5 2020 年万亩以上灌区数量和耕地灌溉面积（按水资源分区和地区分）

Irrigation Districts with an Area above 10,000 mu in 2020
(by Water Resources Sub-region and Region)

地区 Region		合计 Total		#50 万亩以上灌区 Irrigation Districts up to 500,000 mu and above		#30 万~50 万亩灌区 Irrigation Districts from 300,000 to 500,000 mu	
		处数 /处 Number /unit	耕地灌溉面积 /千公顷 Irrigated Area of Cultivated Land /10³ha	处数 /处 Number /unit	耕地灌溉面积 /千公顷 Irrigated Area of Cultivated Land /10³ha	处数 /处 Number /unit	耕地灌溉面积 /千公顷 Irrigated Area of Cultivated Land /10³ha
松花江区	**Songhua River**	**560**	**1857**	**9**	**339**	**28**	**432**
内 蒙 古	Inner Mongolia	45	85	1	20		
吉 林	Jilin	126	383	5	75	4	80
黑龙江	Heilongjiang	389	1389	3	244	24	352
辽河区	**Liaohe River**	**181**	**895**	**8**	**276**	**11**	**180**
内 蒙 古	Inner Mongolia	103	417	3	75	4	77
辽 宁	Liaoning	69	463	5	201	6	102
吉 林	Jilin	9	15			1	1
海河区	**Haihe River**	**403**	**3396**	**20**	**1662**	**25**	**496**
北 京	Beijing	10	54			1	23
天 津	Tianjin	30	106			1	28
河 北	Hebei	151	1122	6	432	15	292
山 西	Shanxi	82	282			3	56
内 蒙 古	Inner Mongolia	1	1				
辽 宁	Liaoning	1	1				
山 东	Shandong	92	1436	10	938	3	77
河 南	Henan	36	395	4	292	2	21
黄河区	**Yellow River**	**772**	**4105**	**31**	**2353**	**21**	**365**
山 西	Shanxi	106	614	7	320	2	43
内 蒙 古	Inner Mongolia	70	896	5	743	1	20
山 东	Shandong	60	177			3	36
河 南	Henan	106	563	6	267	7	119
四 川	Sichuan						
陕 西	Shaanxi	155	771	7	437	4	66
甘 肃	Gansu	171	366	2	96	3	61
青 海	Qinghai	69	103				
宁 夏	Ningxia	35	615	4	490	1	21
淮河区	**Huaihe River**	**922**	**6022**	**25**	**2120**	**61**	**1244**
江 苏	Jiangsu	194	2025	7	314	22	540
安 徽	Anhui	244	1152	4	611	1	14
山 东	Shandong	341	1564	8	421	29	548
河 南	Henan	143	1281	6	773	9	143

3-5 续表 continued

地区 Region		合计 Total		#50万亩以上灌区 Irrigation Districts up to 500,000 mu and above		#30万～50万亩灌区 Irrigation Districts from 300,000 to 500,000 mu	
		处数 /处 Number /unit	耕地灌溉面积 /千公顷 Irrigated Area of Cultivated Land /10³ha	处数 /处 Number /unit	耕地灌溉面积 /千公顷 Irrigated Area of Cultivated Land /10³ha	处数 /处 Number /unit	耕地灌溉面积 /千公顷 Irrigated Area of Cultivated Land /10³ha
长江区	**Yangtze River**	**2707**	**8664**	**38**	**2526**	**70**	**1409**
上 海	Shanghai	1	3				
江 苏	Jiangsu	64	375			3	72
浙 江	Zhejiang	23	54				
安 徽	Anhui	276	979	3	371	2	89
江 西	Jiangxi	312	792	5	176	13	179
河 南	Henan	46	240	2	169	1	9
湖 北	Hubei	555	2642	15	835	25	526
湖 南	Hunan	670	1594	5	132	17	371
广 西	Guangxi	18	24				
重 庆	Chongqing	130	168				
四 川	Sichuan	398	1392	6	803	4	74
贵 州	Guizhou	79	67				
云 南	Yunnan	100	236	1	17	5	90
陕 西	Shaanxi	32	95	1	22		
甘 肃	Gansu	3	3				
青 海	Qinghai						
东南诸河区	**Southeast Rivers**	**271**	**755**		**1**	**12**	**247**
浙 江	Zhejiang	106	503			8	186
安 徽	Anhui						
福 建	Fujian	165	251		1	4	61
珠江区	**Pearl River**	**1009**	**2064**	**7**	**376**	**11**	**173**
湖 南	Hunan	12	18				
广 东	Guangdong	488	770	2	113	1	7
广 西	Guangxi	334	661	3	82	8	127
海 南	Hainan	66	349	1	138		
贵 州	Guizhou	32	46				
云 南	Yunnan	77	219	1	42	2	39
西南诸河区	**Southwest Rivers**	**289**	**466**		**15**	**4**	**72**
云 南	Yunnan	169	365			3	52
西 藏	Tibet	120	101		15	1	19
青 海	Qinghai						
西北诸河区	**Northwest Rivers**	**599**	**5414**	**34**	**2675**	**39**	**861**
内蒙古	Inner Mongolia	17	57	1	46		
甘 肃	Gansu	76	829	2	109	17	360
青 海	Qinghai	22	46				
新 疆	Xinjiang	484	4482	31	2520	22	502

3-6　历年机电排灌站处数和装机容量

Number and Installed Capacity of Irrigation and Drainage Stations with Mechanical and Electrical Equipment by Year

年份 Year	机电排灌站 装机容量 /千千瓦 Installed Capacity of Mechanical and Electrical Irrigation and Drainage Stations /10³kW	固定机电排灌站 Fixed Irrigation and Drainage Stations				流动机 装机容量 /千千瓦 Installed Capacity of Mobile Equipment /10³kW	喷滴灌 装机容量 /千千瓦 Installed Capacity of Sprinkler and Drip /10³kW
		处数 /处 Number /unit	机械 Mechanical Equipment	电力 Electrical Equipment	装机容量 /千千瓦 Installed Capacity /10³kW		
1977		405472	162486	242986	13933		
1978		415898	160142	255756	15028		
1979		431730	155529	276201	16494		
1980		524426	234029	290397	17976		
1981		472299	175243	297056	18043		
1982		470819	166225	304594	18566		
1983		475350	159120	316230	19055		
1984		478130	151055	327075	19249		
1985		462269	133519	328750	19148		
1986		455616	122806	332810	19182		
1987		462100	115602	346498	19558		
1988		461085	107156	353929	19854		
1989		465377			19978		
1990		473680			20065		
1991		481566			23213		
1992		493599			22200		
1993		493501			21142		
1994		494349			21086		
1995		495700			21061		
1996		498063			21418		
1997		502861			21530		
1998		503805			21797		
1999		513883			21987		
2000	41570	506067			21798	17837	1934
2001	46670	516743			23510	20891	2269
2002	43604	507397			22881	18170	2553
2003	43039	502165			21988	18316	2735
2004	43748	494172			21912	19016	2820
2005	43599	489921			22176	18515	2908
2006	44726	473349			24531	20196	
2007	45789	443504			23953	18590	3247
2008	44378	446151			22327	18379	3671
2009	45174	446494			24474	16688	4011
2010	43987	435320			23305	16734	3947
2011	44030	423335			23111	16628	4291
2012	52791	434062			27158	19598	6034

注　2006年流动机装机容量包含了喷滴灌装机容量。

Note　The installed capacity of mobile equipment includes those of sprinklers and drips in 2006.

3-7 历年农田排灌机械保有量和装机容量

Registered Mechanical Equipment for Irrigation and Drainage by Year

单位：千千瓦   unit: 10³kW

年份 Year	排灌机械保有量合计 Total Registered Machinery and Equipment for Irrigation and Drainage	#电动机 Motor	配套机电井装机容量 Installed Capacity of Counterpart Wells	机电排灌站装机容量 Installed Capacity of Irrigation and Drainage Stations	#固定机电排灌站 Fixed Irrigation and Drainage Stations
1951	84				
1952	94				
1953	104				
1954	121				
1955	153				
1956	282				
1957	415	71			
1958	886				
1959	2299	383			
1960	3540	624			
1961	3948	1016			
1962	4521	1648			
1963	5101	2164			
1964	5579	2675			
1965	6674	3259			
1970	13421				
1971	14598	6299			
1972	18126	10218			
1973	25442	12867			
1974	28894	14798			
1975	34810	17064	15765		11285
1976	39850	19824	18200		12730
1977	42920	21084	18453		13933
1978	47224	24200	20732		15028
1979	51329	25988	20616		16494
1980	53840	27355	20740		17976
1981	54548	28563	21228		18043
1982	55618	29894	21907		18566
1983	57923	31731	22814		19055
1984	59575	32942	22857		19249
1985	59414	33192	23151		19148
1986	59793	34059	22774		19182
1987	62422	35459	23706		19558
1988	64367	36424	25378		19854
1989	66354	37400	25932		19978
1990	68055	38311	26594		20065
1991	70485	39907	26451		23213
1992	65968	39895	27257		22200
1993	65845	39806	27648		21142
1994	66905	40706	27988		21086
1995	68241	41764	29001		21061
1996	70196	43034	30468		21418
1997	72686		32215		21530
1998	75594		33606		21797
1999	77009		35242		21987
2000	77477		35908	41570	21798
2001	87999		41329	46670	23510
2002	81295		37692	43604	22881
2003	80780		37741	43039	21988
2004	82159		38411	43748	21912
2005	82469		38871	43599	22176
2006	85443		40718	44726	24531
2007	86684		40894	45789	23953
2008	85883		41505	44378	22327
2009	87530		42356	45174	24474
2010	87201		43215	43987	23305
2011	88237		44207	44030	23111
2012	102222		49431	52791	27158

3-8　历年机电井眼数和装机容量

Number and Installed Capacity of Mechanical and Electrical Wells by Year

年份 Year	机电井眼数 /万眼 Number of Mechanical and Electrical Wells /10⁴unit	#灌溉机电井 Mechanical and Electrical Wells for Irrigation	配套机电井眼数 /万眼 Number of Counterpart Mechanical and Electrical Wells /10⁴unit	#灌溉机电井 Mechanical and Electrical Wells for Irrigation	配套机电井装机容量 /千千瓦 Installed Capacity of Counterpart Mechanical and Electrical Wells /10³kW	#灌溉机电井 Mechanical and Electrical Wells for Irrigation
1966		22.84		15.26		
1969		74.87		43.41		
1970		91.89		62.70		
1971		113.31		80.67		
1972		134.91		100.76		
1973		170.02		130.35		
1974		194.62		157.09		
1975		217.46		181.75		15765
1976		240.73		203.32		18200
1977		254.59		210.88		18463
1978		265.87		221.83		20732
1979		273.25		229.37		20616
1980		269.10		229.06		20740
1981		266.47		229.77		21228
1982		271.46		234.31		21901
1983		278.12		241.30		22814
1984		279.86		240.31		22857
1985		277.00		237.04		23151
1986		276.65		236.39		22774
1987		282.31		243.02		23706
1988		291.83		251.90		25378
1989		305.47		263.29		25932
1990		314.92		273.11		26594
1991		324.64		283.27		26451
1992		335.39		294.58		27257
1993		342.48		302.16		27648
1994		345.59		306.30		27988
1995		355.91		316.98		29001
1996		373.00		332.55		30468
1997		399.84		355.07		32215
1998		417.88		371.75		33606
1999		434.06		386.67		35242
2000		444.81		398.96		35908
2001		454.66		409.23		41329
2002		465.57		418.35		37692
2003		470.94		422.43		37741
2004		475.58		426.24		38411
2005		478.57		428.20		38871
2006		485.85		436.53		40718
2007	511.80	484.90	461.39	438.84	46286	40894
2008	522.58	488.74	474.12	443.86	46571	41505
2009	529.31	493.82	482.56	450.80	49859	42356
2010	533.71	501.21	487.20	458.18	51446	43215
2011	541.38	507.90	494.83	464.94	54048	43757
2012	454.33					
2013	458.36					
2014	469.11					
2015	483.25					
2016	487.18					
2017	495.98					
2018	510.09					
2019	511.73					
2020	517.34					

注　2006 年以前（含 2006 年）只统计灌溉机电井，2007 年以后还包括供水机电井。

Note　Before 2006 (including 2006), the statistical data only includes mechanical and electrical wells for irrigation; after 2007 it also include wells for water supply.

3-9 历 年 灌 溉 面 积

Irrigated Area by Year

单位：千公顷   unit: 10³ha

年份 Year	灌溉面积总计 Total Irrigated Area	耕地 灌溉面积 Irrigated Area of Cultivated Land	林地 灌溉面积 Irrigated Area of Forest	果园 灌溉面积 Irrigated Area of Fruit Garden	牧草 灌溉面积 Irrigated Area of Pasture Land	其他 灌溉面积 Others	耕地实灌面积 Actual Irrigated Area	旱涝保收面积 Harvest Area Guaranteed in Case of Flood and Drought
1965		32036.0						
1972		40642.0						
1973		43810.7						
1974		45707.3						
1975		46120.7					39281.3	
1976		45463.3					40825.3	
1977		48186.7					40559.3	
1978		48053.3					41714.7	
1979		48318.7					41663.3	
1980		48888.0					39906.0	
1981		48600.0					39656.7	
1982		48663.3					40177.3	
1983		48546.0					39383.3	
1984		48400.0					39933.3	
1985		47932.7					38671.3	
1986		47872.7					39938.0	
1987		47966.7					39861.3	33349.3
1988		47980.7					41188.7	33570.7
1989		48337.3					40695.3	33994.0
1990		48389.3					41437.3	34365.3
1991		48951.3					42884.0	34720.0
1992		49464.0					43501.3	35374.0
1993		49839.3					42914.0	35631.3
1994		49938.0					43610.7	36140.0
1995		50412.7					44102.0	36636.0
1996		51160.7					44768.7	37187.3
1997		52268.7					46187.3	38102.0
1998		53400.0					47036.0	38760.7
1999		54366.0					47709.3	39375.3
2000	59341.6	55013.2	1072.8	1601.3	1001.3	653.0	47965.2	40164.3
2001	60025.4	55517.0	1136.5	1665.7	1035.9	670.1	48398.4	40532.2
2002	60753.1	55857.9	1252.0	1759.6	1194.9	660.9	48434.6	40594.9
2003	61056.1	55900.6	1468.2	1835.1	1186.7	665.5	47383.2	40852.5
2004	61511.2	56252.1	1573.3	1862.5	1185.0	638.3	47783.9	40740.6
2005	61897.9	56562.4	1636.6	1861.0	1172.0	672.5	47968.7	41337.7
2006	62559.1	57078.4	1562.1	1988.6	1201.2	728.8	49024.5	41335.0
2007	63413.5	57782.4	1598.4	2039.4	1225.5	767.8	49936.9	41745.7
2008	64119.7	58471.7	1648.9	2065.0	1214.4	719.7	50665.5	42024.9
2009	65164.6	59261.5	1774.7	2088.6	1246.9	793.0	51806.6	42358.2
2010	66352.3	60347.7	1821.9	2151.4	1257.6	773.7	52589.0	42871.5
2011	67742.9	61681.6	1899.2	2178.2	1264.7	719.2	53982.2	43383.4
2012	67782.7	62490.5	1766.8	2189.8	819.4	516.2		
2013	69481.4	63473.3	2111.3	2315.1	1059.4	522.2	53105.4	
2014	70651.7	64539.5	2228.7	2376.2	1092.4	414.8	54974.9	
2015	72060.8	65872.6	2211.1	2433.3	1079.2	464.5	56739.4	
2016	73176.9	67140.6	2388.4	2571.9	1076.0		58107.0	
2017	73946.1	67815.6	2402.7	2623.6	1104.2		58553.3	
2018	74541.8	68271.6	2510.0	2645.6	1114.6		58573.6	
2019	75034.2	68678.6	2600.7	2653.3	1101.5		57913.5	
2020	75687.1	69160.5	2671.9	2704.7	1150.1		58351.7	

3-10 历年人均耕地灌溉面积和机电灌溉占有效灌溉比重

Irrigated Area Per Capita and Proportion of Mechanical & Electrical Equipment in Effective Irrigated Area by Year

年份 Year	人均耕地灌溉面积/亩每人 Irrigated Area Per Capita/(mu/person)		机电排灌面积占耕地灌溉面积的比重/% Proportion of Total Mechanical and Electrical Equipment in Effective Irrigated Area /%
	按总人口 Based on Total Population	按乡村人口 Based on Total Rural Population	
1951	0.49	0.58	
1952	0.50	0.59	1.6
1953	0.57	0.67	
1954	0.58	0.68	
1955	0.60	0.71	
1957	0.58	0.69	4.8
1962	0.64	0.77	
1965	0.66	0.80	25.3
1972	0.70	0.83	
1973	0.74	0.87	
1974	0.76	0.89	
1975	0.75	0.89	51.8
1976	0.79	0.93	
1977	0.76	0.90	
1978	0.75	0.89	52.7
1979	0.74	0.89	54.4
1980	0.74	0.90	54.1
1982	0.72	0.87	54.1
1983	0.71	0.87	54.3
1984	0.70	0.87	54.1
1985	0.69	0.86	54.9
1986	0.68	0.80	55.0
1987	0.67	0.84	55.7
1988	0.66	0.83	55.8
1989	0.66	0.83	55.9
1990	0.63	0.81	56.3
1991	0.64	0.82	56.1
1992	0.64	0.82	57.4
1993	0.63	0.83	57.3
1994	0.63	0.83	57.4
1995	0.62	0.82	57.7
1996	0.63	0.83	58.2
1997	0.63	0.86	58.6
1998	0.64	0.88	59.1
1999	0.65	0.86	59.2
2000	0.65	0.87	59.3
2001	0.65	0.89	59.4
2002	0.66	0.90	59.5
2003	0.65	0.89	59.6
2004	0.65	0.90	58.4
2005	0.65	0.89	66.9
2006	0.65	0.90	65.8
2007	0.66	1.19	67.0
2008	0.66	1.22	67.2
2009	0.67	1.25	67.5
2010	0.68	1.34	67.5
2011	0.69	1.41	67.2
2012	0.69	1.46	68.0
2013	0.70	1.51	
2014	0.71	1.56	
2015	0.72	1.64	
2016	0.73	1.71	
2017	0.73	1.72	
2018	0.73	1.82	
2019	0.74	1.87	
2020	0.73	2.03	

3-11　2020 年灌溉面积（按地区分）

Irrigated Area in 2020 (by Region)

单位：千公顷　　　　　　　　　　　　　　　　　　　　　　　　　　　　　　　　　　　　　　unit: 10³ha

地区 Region		灌溉面积 总计 Total Irrigated Area	耕地 灌溉面积 Irrigated Area of Cultivated Land	林地 灌溉面积 Irrigated Area of Forest	果园 灌溉面积 Irrigated Area of Fruit Garden	牧草 灌溉面积 Irrigated Area of Pasture Land	耕地 实灌面积 Actual Irrigated Area
合　计	**Total**	**75687.11**	**69160.52**	**2671.89**	**2704.66**	**1150.05**	**58351.70**
北　京	Beijing	213.38	109.35	57.82	44.99	1.22	94.08
天　津	Tianjin	331.95	299.12	23.14	9.69		269.95
河　北	Hebei	4857.70	4470.03	159.55	219.63	8.49	4008.83
山　西	Shanxi	1626.79	1517.38	50.23	53.76	5.42	1477.16
内蒙古	Inner Mongolia	3820.17	3199.12	85.21	10.27	525.57	2636.17
辽　宁	Liaoning	1776.24	1632.54	29.73	107.11	6.86	1249.09
吉　林	Jilin	1934.11	1905.44	2.93	12.14	13.60	1399.69
黑龙江	Heilongjiang	6199.00	6171.61	9.25	7.41	10.74	4584.10
上　海	Shanghai	181.48	165.05	16.14	0.29		155.04
江　苏	Jiangsu	4500.55	4224.73	154.69	116.22	4.91	3787.69
浙　江	Zhejiang	1557.74	1415.70	60.96	80.19	0.90	1305.68
安　徽	Anhui	4738.06	4608.83	73.11	50.64	5.48	3689.74
福　建	Fujian	1258.66	1110.42	51.56	92.73	3.95	855.82
江　西	Jiangxi	2161.32	2038.49	33.50	89.33		1720.13
山　东	Shandong	5900.38	5293.56	236.08	366.48	4.26	4689.09
河　南	Henan	5586.93	5463.07	67.10	56.55	0.22	4607.84
湖　北	Hubei	3278.10	3086.04	119.66	65.70	6.70	2620.59
湖　南	Hunan	3293.48	3192.90	50.76	49.21	0.61	2454.06
广　东	Guangdong	2071.22	1776.46	62.90	231.86		1607.32
广　西	Guangxi	1809.48	1731.03	12.83	65.62		1466.58
海　南	Hainan	352.99	292.21	33.72	26.19	0.87	218.78
重　庆	Chongqing	698.32	698.32				423.53
四　川	Sichuan	3252.36	2992.24	108.77	142.05	9.31	2462.33
贵　州	Guizhou	1173.26	1165.49	2.00	4.92	0.85	953.92
云　南	Yunnan	2099.84	1978.07	30.05	84.76	6.96	1644.41
西　藏	Tibet	496.64	282.82	40.48	23.94	149.40	237.83
陕　西	Shaanxi	1526.54	1336.81	24.31	137.33	28.09	1098.00
甘　肃	Gansu	1555.78	1338.60	153.39	45.08	18.71	1182.43
青　海	Qinghai	304.58	219.25	44.52	2.86	37.95	185.51
宁　夏	Ningxia	681.59	552.53	53.28	51.72	24.06	525.92
新　疆	Xinjiang	6448.50	4893.35	824.22	456.01	274.92	4740.40

3-12 2020 年灌溉面积（按水资源分区分）

Irrigated Area in 2020 (by Water Resources Sub-region)

单位：千公顷

unit: 10³ha

水资源 一级区	Grade-I Water Resources Region	灌溉面积 总计 Total Irrigated Area	耕地 灌溉面积 Irrigated Area of Cultivated Land	林地 灌溉面积 Irrigated Area of Forest	果园 灌溉面积 Irrigated Area of Fruit Garden	牧草 灌溉面积 Irrigated Area of Pasture Land	耕地 实灌面积 Actual Irrigated Area
合　计	**Total**	**75687.11**	**69160.52**	**2671.89**	**2704.66**	**1150.05**	**58351.70**
松花江区	Songhua River	8703.66	8569.76	14.62	19.08	100.21	6195.23
辽河区	Liaohe River	3199.20	2872.50	52.21	106.57	167.91	2344.42
海河区	Haihe River	8315.26	7635.36	317.98	335.78	26.14	6998.53
黄河区	Yellow River	6496.12	5731.42	242.78	290.90	231.02	5157.36
淮河区	Huaihe River	13659.15	12832.41	368.01	450.28	8.45	10679.38
长江区	Yangtze River	18514.47	17569.92	454.46	464.12	25.98	14484.92
东南诸河区	Southeast Rivers	2473.68	2204.34	98.05	166.44	4.85	1875.41
珠江区	Pearl River	4966.83	4520.04	108.94	336.26	1.59	3879.62
西南诸河区	Southwest Rivers	1573.75	1311.50	48.14	63.10	151.01	1075.98
西北诸河区	Northwest Rivers	7785.00	5913.28	966.69	472.13	432.90	5660.86

3-13 2020年灌溉面积（按水资源分区和地区分）

Irrigated Area in 2020 (by Water Resources Sub-region and Region)

单位：千公顷   unit: 10³ha

地区 Region		灌溉面积 总计 Total Irrigated Area	耕地 灌溉面积 Irrigated Area of Cultivated Land	林地 灌溉面积 Irrigated Area of Forest	果园 灌溉面积 Irrigated Area of Fruit Garden	牧草 灌溉面积 Irrigated Area of Pasture Land	耕地 实灌面积 Actual Irrigated Area
松花江区	**Songhua River**	**8703.66**	**8569.76**	**14.62**	**19.08**	**100.21**	**6195.23**
内蒙古	Inner Mongolia	767.76	688.78	2.91	0.05	76.02	313.28
吉 林	Jilin	1736.90	1709.37	2.46	11.62	13.45	1297.85
黑龙江	Heilongjiang	6199.00	6171.61	9.25	7.41	10.74	4584.10
辽河区	**Liaohe River**	**3199.20**	**2872.50**	**52.21**	**106.57**	**167.91**	**2344.42**
内蒙古	Inner Mongolia	1245.33	1060.26	22.18	1.99	160.90	1004.49
辽 宁	Liaoning	1756.66	1616.18	29.56	104.06	6.86	1238.08
吉 林	Jilin	197.21	196.07	0.47	0.52	0.15	101.85
海河区	**Haihe River**	**8315.26**	**7635.36**	**317.98**	**335.78**	**26.14**	**6998.53**
北 京	Beijing	213.38	109.35	57.82	44.99	1.22	94.08
天 津	Tianjin	331.95	299.12	23.14	9.69		269.95
河 北	Hebei	4857.70	4470.03	159.55	219.63	8.49	4008.83
山 西	Shanxi	585.49	563.99	12.04	5.16	4.30	548.40
内蒙古	Inner Mongolia	57.10	46.22	0.26		10.62	42.90
辽 宁	Liaoning	19.58	16.36	0.17	3.05		11.01
山 东	Shandong	1613.44	1509.66	57.46	44.81	1.51	1449.35
河 南	Henan	636.62	620.63	7.54	8.45		574.01
黄河区	**Yellow River**	**6496.12**	**5731.42**	**242.78**	**290.90**	**231.02**	**5157.36**
山 西	Shanxi	1041.30	953.39	38.19	48.60	1.12	928.76
内蒙古	Inner Mongolia	1500.38	1285.36	49.95	7.79	157.28	1170.23
山 东	Shandong	368.74	341.26	7.34	20.14		312.52
河 南	Henan	857.12	824.83	20.48	11.59	0.22	737.91
四 川	Sichuan	3.59	1.34			2.25	0.48
陕 西	Shaanxi	1317.50	1151.14	15.02	123.40	27.94	954.11
甘 肃	Gansu	527.42	465.02	28.32	26.26	7.82	394.07
青 海	Qinghai	198.49	156.56	30.20	1.41	10.32	133.37
宁 夏	Ningxia	681.59	552.53	53.28	51.72	24.06	525.92
淮河区	**Huaihe River**	**13659.15**	**12832.41**	**368.01**	**450.28**	**8.45**	**10679.38**
江 苏	Jiangsu	3146.17	2957.50	118.24	69.51	0.92	2597.50
安 徽	Anhui	3036.37	2942.38	44.35	44.86	4.78	2284.05
山 东	Shandong	3918.20	3442.64	171.28	301.53	2.75	2927.22
河 南	Henan	3558.41	3489.89	34.14	34.38		2870.61

3-13 续表 continued

| 地区 | Region | 灌溉面积 | 耕地灌溉面积 | 林地灌溉面积 | 果园灌溉面积 | 牧草灌溉面积 | 耕地实灌面积 |
		总计 Total Irrigated Area	Irrigated Area of Cultivated Land	Irrigated Area of Forest	Irrigated Area of Fruit Garden	Irrigated Area of Pasture Land	Actual Irrigated Area
长江区	**Yangtze River**	**18514.47**	**17569.92**	**454.46**	**464.12**	**25.98**	**14484.92**
上 海	Shanghai	181.48	165.05	16.14	0.29		155.04
江 苏	Jiangsu	1354.38	1267.23	36.45	46.71	3.99	1190.19
浙 江	Zhejiang	350.51	329.27	14.76	6.48		293.58
安 徽	Anhui	1693.92	1658.96	28.47	5.78	0.70	1398.20
江 西	Jiangxi	2161.32	2038.49	33.50	89.33		1720.13
河 南	Henan	534.78	527.71	4.94	2.13		425.31
湖 北	Hubei	3278.10	3086.04	119.66	65.70	6.70	2620.59
湖 南	Hunan	3240.78	3141.90	49.87	48.41	0.60	2421.63
广 西	Guangxi	69.85	63.48	4.16	2.21		60.79
重 庆	Chongqing	698.32	698.32				423.53
四 川	Sichuan	3248.77	2990.90	108.77	142.05	7.06	2461.85
贵 州	Guizhou	837.77	831.22	2.00	4.27	0.28	692.89
云 南	Yunnan	607.92	550.84	19.63	32.25	5.21	452.00
陕 西	Shaanxi	209.04	185.67	9.29	13.93	0.15	143.88
甘 肃	Gansu	41.94	30.02	6.83	4.59	0.50	22.72
青 海	Qinghai	5.61	4.82			0.79	2.59
东南诸河区	**Southeast Rivers**	**2473.68**	**2204.34**	**98.05**	**166.44**	**4.85**	**1875.41**
浙 江	Zhejiang	1207.24	1086.43	46.20	73.71	0.90	1012.10
安 徽	Anhui	7.78	7.49	0.29			7.49
福 建	Fujian	1258.66	1110.42	51.56	92.73	3.95	855.82
珠江区	**Pearl River**	**4966.83**	**4520.04**	**108.94**	**336.26**	**1.59**	**3879.62**
湖 南	Hunan	52.70	51.00	0.89	0.80	0.01	32.43
广 东	Guangdong	2071.22	1776.46	62.90	231.86		1607.32
广 西	Guangxi	1739.63	1667.55	8.67	63.41		1405.79
海 南	Hainan	352.99	292.21	33.72	26.19	0.87	218.78
贵 州	Guizhou	335.49	334.27		0.65	0.57	261.04
云 南	Yunnan	414.80	398.55	2.76	13.35	0.14	354.26
西南诸河区	**Southwest Rivers**	**1573.75**	**1311.50**	**48.14**	**63.10**	**151.01**	**1075.98**
云 南	Yunnan	1077.11	1028.68	7.66	39.16	1.61	838.15
西 藏	Tibet	496.64	282.82	40.48	23.94	149.40	237.83
青 海	Qinghai						
西北诸河区	**Northwest Rivers**	**7785.00**	**5913.28**	**966.69**	**472.13**	**432.90**	**5660.86**
内蒙古	Inner Mongolia	249.60	118.50	9.91	0.44	120.75	105.27
甘 肃	Gansu	986.42	843.56	118.24	14.23	10.39	765.64
青 海	Qinghai	100.48	57.87	14.32	1.45	26.84	49.55
新 疆	Xinjiang	6448.50	4893.35	824.22	456.01	274.92	4740.40

3-14 历年耕地灌溉面积减少原因

Reasons of Decrease of Irrigated Area by Year

单位：千公顷   unit: 10³ha

年份 Year	耕地灌溉面积 Irrigated Area of Cultivated Land		耕地灌溉面积减少原因 Reasons of Decrease of Irrigated Area					
	新增 Newly- increased Area	减少 Reduced Area	工程老化、毁损 Aging and Damage of Structures	机井报废 Abortion of Wells	建设占地 Land Occupation by Construction	长期水源不足 Long-term Insufficiency of Water Sources	退耕 Converting Farmland to Other Usage	其他 Others
2003	1226.08	1183.39	404.32	19.96	216.77		228.24	314.09
2004	1159.95	808.45	281.74	14.98	206.02		100.59	205.13
2005	1012.35	697.34	237.31	14.91	199.94		68.43	176.76
2006	1343.11	796.86	183.12		123.67	100.06	39.69	350.32
2007	1344.05	608.63	192.26		125.89	54.62	51.93	183.93
2008	1318.27	648.41	239.55		97.04	96.52	22.95	192.35
2009	1533.10	742.85	245.13		126.19	79.36	25.62	266.55
2010	1721.64	659.17	250.41		91.06	87.38	47.55	182.78
2011	2129.97	803.32	294.03		104.05	88.81	19.16	297.28
2012	2151.38	743.78	335.11		107.92	78.55	17.48	204.72
2013	1552.29	473.27	85.99		87.22	73.24	59.54	167.28
2014	1647.77	685.62	73.86		99.69	151.85	40.77	319.45
2015	1797.66	463.94	56.63		67.47	95.64	25.07	219.15
2016	1561.43	465.70	96.49		79.48	42.61	68.68	178.44
2017	1070.34	486.47	106.03		77.48	30.09	121.03	151.85
2018	828.48	355.80	42.29		42.83	37.74	109.58	123.36
2019	780.03	345.02	24.10		44.88	32.76	67.50	175.79
2020	870.37	393.84	22.17		46.29	20.25	99.96	205.17

3-15 2020年耕地灌溉面积减少原因（按地区分）

Reasons of Decrease of Irrigated Area in 2020 (by Region)

单位：千公顷   unit: 10³ha

地区	Region	耕地灌溉面积 Irrigated Area of Cultivated Land		耕地灌溉面积减少原因 Reasons of Decrease of Irrigated Area				
		新增 Newly-increased Area	减少 Reduced Area	工程老化、毁损 Aging and Damage of Structures	建设占地 Land Occupation by Construction	长期水源不足 Long-term Insufficiency of Water Sources	退耕 Converting Farmland to Other Usage	其他 Others
合　计	**Total**	**870.37**	**393.84**	**22.17**	**46.29**	**20.25**	**99.96**	**205.17**
北　京	Beijing	0.50	0.40		0.25			0.14
天　津	Tianjin	0.60	6.28		2.51	0.02		3.75
河　北	Hebei	18.39	30.52	0.58	10.29	0.20	15.30	4.15
山　西	Shanxi	0.64	2.60	0.03	0.10			2.47
内蒙古	Inner Mongolia		0.07	0.07				
辽　宁	Liaoning	5.96	2.60					2.60
吉　林	Jilin	9.03	13.09		0.38			12.71
黑龙江	Heilongjiang	64.26	70.25	0.04	0.64		7.47	62.10
上　海	Shanghai		25.71					25.71
江　苏	Jiangsu	36.00	16.71					16.71
浙　江	Zhejiang	32.23	21.96	0.19	20.21	0.17	0.15	1.24
安　徽	Anhui	25.44	2.83	1.70	0.70		0.10	0.33
福　建	Fujian	37.19	3.55	0.62		0.08		2.85
江　西	Jiangxi	7.38	5.03	2.00				3.03
山　东	Shandong	31.95	9.77	0.80	0.51	7.46		0.99
河　南	Henan	154.92	20.80	9.76	0.38	7.63	0.10	2.93
湖　北	Hubei	117.87	0.81		0.12			0.69
湖　南	Hunan	19.07	2.28		1.87	0.41		
广　东	Guangdong	9.42	6.36					6.36
广　西	Guangxi	19.14	1.19		0.87	0.32		
海　南	Hainan	2.32	0.74					0.74
重　庆	Chongqing	0.91	0.27				0.27	
四　川	Sichuan	39.88	1.74	0.13	0.33			1.28
贵　州	Guizhou	11.65	0.15		0.15			
云　南	Yunnan	62.03	6.45	0.27	3.80	0.64	0.75	1.00
西　藏	Tibet	8.39	1.51					1.51
陕　西	Shaanxi	70.28	18.63	3.90	2.16	1.56	0.29	10.72
甘　肃	Gansu	12.77	3.03	2.08	0.64	0.28	0.03	
青　海	Qinghai	6.54	0.62					0.62
宁　夏	Ningxia	45.35	31.10				0.82	30.28
新　疆	Xinjiang	20.27	86.81		0.38	1.49	74.68	10.26

3-16 2020年耕地灌溉面积减少原因（按水资源分区分）

Reasons of Decrease of Irrigated Area in 2020
(by Water Resources Sub-region)

单位：千公顷 unit:10³ha

水资源一级区	Grade-I Water Resources Sub-region	耕地灌溉面积 Irrigated Area of Cultivated Land		耕地灌溉面积减少原因 Reasons of Decrease of Irrigated Area				
		新增 Newly-increased Area	减少 Reduced Area	工程老化、毁损 Aging and Damage of Structures	建设占地 Land Occupation by Construction	长期水源不足 Long-term Insufficiency of Water Sources	退耕 Converting Farmland to Other Usage	其他 Others
合 计	Total	870.37	393.84	22.17	46.29	20.25	99.96	205.17
松花江区	Songhua River	73.26	83.33	0.04	1.02		7.47	74.80
辽河区	Liaohe River	4.66	2.61					2.61
海河区	Haihe River	42.06	43.85	0.84	13.38	5.91	15.35	8.37
黄河区	Yellow River	145.78	49.41	4.13	2.22	1.24	0.91	40.91
淮河区	Huaihe River	174.55	33.26	10.10	0.97	8.83	0.05	13.30
长江区	Yangtze River	256.61	56.20	5.98	6.52	1.58	0.57	41.55
东南诸河区	Southeast Rivers	63.11	25.51	0.81	20.21	0.25	0.15	4.09
珠江区	Pearl River	53.90	8.99	0.02	1.12	0.71	0.04	7.10
西南诸河区	Southwest Rivers	31.30	3.85	0.25	0.46	0.25	0.71	2.18
西北诸河区	Northwest Rivers	25.13	86.84		0.38	1.49	74.71	10.26

3-17　2020年耕地灌溉面积减少原因（按水资源分区和地区分）

Reasons of Decrease of Irrigated Area in 2020
(by Water Resources Sub-region and Region)

单位：千公顷　　　　　　　　　　　　　　　　　　　　　　　　　　　　　　　unit: 10³ha

地区 Region		耕地灌溉面积 Irrigated Area of Cultivated Land		耕地灌溉面积减少原因 Reasons of Decrease of Irrigated Area				
		新增 Newly- increased Area	减少 Reduced Area	工程老化、毁损 Aging and Damage of Structures	建设占地 Land Occupation by Construction	长期水源不足 Long-term Insufficiency of Water Sources	退耕 Converting Farmland to Other Usage	其他 Others
松花江区	**Songhua River**	**73.26**	**83.33**	**0.04**	**1.02**		**7.47**	**74.80**
内蒙古	Inner Mongolia							
吉　林	Jilin	9.00	13.08		0.38			12.70
黑龙江	Heilongjiang	64.26	70.25	0.04	0.64		7.47	62.10
辽河区	**Liaohe River**	**4.66**	**2.61**					**2.61**
内蒙古	Inner Mongolia							
辽　宁	Liaoning	4.63	2.60					2.60
吉　林	Jilin	0.03	0.01					0.01
海河区	**Haihe River**	**42.06**	**43.85**	**0.84**	**13.38**	**5.91**	**15.35**	**8.37**
北　京	Beijing	0.50	0.40		0.25			0.14
天　津	Tianjin	0.60	6.28		2.51	0.017		3.75
河　北	Hebei	18.39	30.52	0.58	10.29	0.20	15.3	4.15
山　西	Shanxi	0.53	0.03	0.03				
内蒙古	Inner Mongolia		0.07	0.07				
辽　宁	Liaoning	1.33						
山　东	Shandong	20.14	5.83			5.63		0.20
河　南	Henan	0.57	0.73	0.16	0.33	0.06	0.05	0.13
黄河区	**Yellow River**	**145.78**	**49.41**	**4.13**	**2.22**	**1.24**	**0.91**	**40.91**
山　西	Shanxi	0.11	2.57		0.10			2.47
内蒙古	Inner Mongolia							
山　东	Shandong	0.16	0.06		0.04			0.02
河　南	Henan	21.94	0.75	0.75				
四　川	Sichuan		0.002		0.002			
陕　西	Shaanxi	63.87	13.90	3.24	1.88	1.18	0.09	7.52
甘　肃	Gansu	7.82	0.40	0.14	0.20	0.06		
青　海	Qinghai	6.54	0.62					0.62
宁　夏	Ningxia	45.35	31.10				0.82	30.28
淮河区	**Huaihe River**	**174.55**	**33.26**	**10.10**	**0.97**	**8.83**	**0.05**	**13.30**
江　苏	Jiangsu	23.96	10.53					10.53
安　徽	Anhui	24.28	2.15	1.70	0.45			
山　东	Shandong	11.65	3.88	0.80	0.47	1.83		0.77
河　南	Henan	114.66	16.70	7.60	0.05	7	0.05	2.00

3-17 续表 continued

地区 Region		耕地灌溉面积 Irrigated Area of Cultivated Land		耕地灌溉面积减少原因 Reasons of Decrease of Irrigated Area				
		新增 Newly- increased Area	减少 Reduced Area	工程老化、毁损 Aging and Damage of Structures	建设占地 Land Occupation by Construction	长期水源不足 Long-term Insufficiency of Water Sources	退耕 Converting Farmland to Other Usage	其他 Others
长江区	**Yangtze River**	**256.61**	**56.20**	**5.98**	**6.52**	**1.58**	**0.57**	**41.55**
上　海	Shanghai		25.71					25.71
江　苏	Jiangsu	12.04	6.18					6.18
浙　江	Zhejiang	6.31						
安　徽	Anhui	1.16	0.68		0.25		0.10	0.33
江　西	Jiangxi	7.38	5.03	2.00				3.03
河　南	Henan	17.75	2.62	1.25		0.57		0.80
湖　北	Hubei	117.87	0.81		0.12			0.69
湖　南	Hunan	11.04	2.28		1.87	0.41		
广　西	Guangxi	0.05						
重　庆	Chongqing	0.91	0.27				0.27	
四　川	Sichuan	39.88	1.74	0.13	0.33			1.28
贵　州	Guizhou	6.30	0.15		0.15			
云　南	Yunnan	29.42	3.41		3.08			0.33
陕　西	Shaanxi	6.41	4.73	0.66	0.28	0.38	0.2	3.21
甘　肃	Gansu	0.09	2.60	1.94	0.44	0.22		
青　海	Qinghai							
东南诸河区	**Southeast Rivers**	**63.11**	**25.51**	**0.81**	**20.21**	**0.25**	**0.15**	**4.09**
浙　江	Zhejiang	25.92	21.96	0.19	20.21	0.17	0.15	1.24
安　徽	Anhui							
福　建	Fujian	37.19	3.55	0.62		0.08		2.85
珠江区	**Pearl River**	**53.90**	**8.99**	**0.02**	**1.12**	**0.71**	**0.04**	**7.10**
湖　南	Hunan	8.03						
广　东	Guangdong	9.42	6.36					6.36
广　西	Guangxi	19.09	1.19		0.87	0.32		
海　南	Hainan	2.32	0.74					0.74
贵　州	Guizhou	5.35						
云　南	Yunnan	9.69	0.70	0.02	0.25	0.39	0.04	
西南诸河区	**Southwest Rivers**	**31.30**	**3.85**	**0.25**	**0.46**	**0.25**	**0.71**	**2.18**
云　南	Yunnan	22.91	2.34	0.25	0.46	0.25	0.71	0.67
西　藏	Tibet	8.39	1.51					1.51
青　海	Qinghai							
西北诸河区	**Northwest Rivers**	**25.13**	**86.84**		**0.38**	**1.49**	**74.71**	**10.26**
内蒙古	Inner Mongolia							
甘　肃	Gansu	4.86	0.03					0.03
青　海	Qinghai							
新　疆	Xinjiang	20.27	86.81		0.38	1.49	74.68	10.26

3-18　历年机电灌溉面积

Lifting Irrigated Area by Year

单位：千公顷　　　　　　　　　　　　　　　　　　　　　　　　　　　　　　　　　　unit: 10³ha

年份 Year	机电排灌 面积 Irrigated and Drainage Area by Mechanical and Electrical Equipment	机电提灌 面积合计 Total Irrigated Area by Lifting	#机电井 Mechanical and Electrical Well	固定站 Fixed Station	流动机 Mobile Equipment	纯排面积 Drainage Area Only
1951	285.33					
1952	317.33					
1953	349.33					
1954	396.00					
1955	529.33					
1956	786.00					
1957	1202.00					
1961	4932.67					
1962	6135.33					
1963	5474.00					
1964	6246.00					
1965	8093.33					
1970	14992.00					
1971	16063.33					
1972	19549.33					
1973	21976.00					
1974	24588.67					
1975		23908.00				
1976	28850.67					
1977	28778.67					
1978	30368.00	25335.33				
1979		26305.33				
1980		26440.00				
1982		26316.00				
1983		26302.67				
1984		26182.67				
1985		26298.00				
1986		26346.00				
1987	30763.33	26729.33	11087.33			
1988	30729.33	26728.67	11216.67			
1989	31032.00	27038.00	11435.33			
1990	31225.33	27235.33	11739.33			
1991	31489.33	27449.33	12111.33			
1992	32496.00	28379.33	12253.33			
1993	32596.00	28550.00	12487.33			
1994	32739.33	28642.00	12526.00			
1995	33274.00	29070.00	12789.33			
1996	34005.33	29751.33	13358.00			
1997	34915.33	30654.00	14131.33			
1998	35874.00	31570.00	14702.67			
1999	36554.00	32191.33	15000.67			
2000	36854.65	32617.80	15127.02	12203.14	3637.82	4236.85
2001	37107.41	33004.01	16309.19	12330.34	3630.53	4103.40
2002	37323.30	33209.58	16411.35	12312.55	3636.75	4113.73
2003	37354.03	33294.28	16512.60	12259.25	3596.13	4059.76
2004	36978.56	32873.33	16936.66	12205.17	3598.49	4105.13
2005	37867.51	33516.94	17046.12	12062.57	3515.88	4349.34
2006	37563.34	33091.40	16798.61	11350.62	2736.21	4471.94
2007	38715.60	34264.86	16893.65	11409.77	3131.62	4450.74
2008	39277.47	34659.23	17163.39	11152.60	3157.11	4618.25
2009	40016.33	35580.95	17480.25	11360.22	3199.92	4435.39
2010	40750.57	36400.59	17807.31	11414.81	3261.04	4349.98
2011	41464.71	37079.32	18249.96	11404.50	3322.12	4385.39
2012	42491.40	38151.53	18474.24	11637.42	3294.36	4340.71

3-19 历 年 节 水 灌 溉 面 积

Water-saving Irrigated Area by Year

单位：千公顷   unit: 10³ha

年份 Year	节水灌溉 面积合计 Total Area of Water-saving Irrigation	喷灌 Sprinkler	微灌 Micro-irrigation	低压管灌 Low-pressure Pipe Irrigation	渠道防渗 Canal Lining	其他 Others
2000	16388.86	2131.40	152.58	3567.92	6361.33	4175.63
2001	17446.38	2364.21	215.39	3903.69	6925.30	4037.79
2002	18627.05	2473.21	278.76	4156.77	7570.88	4147.42
2003	19442.80	2633.67	371.10	4476.17	8071.47	3890.39
2004	20346.23	2674.83	479.64	4706.29	8561.95	3923.53
2005	21338.15	2746.28	621.76	4991.84	9133.16	3845.12
2006	22425.96	2823.84	754.89	5263.75	9593.65	3989.83
2007	23489.46	2876.47	976.98	5573.92	10058.12	4003.97
2008	24435.52	2821.18	1249.62	5873.00	10447.73	4044.00
2009	25755.11	2926.71	1669.27	6249.36	11166.07	3743.71
2010	27313.87	3025.44	2115.68	6680.04	11580.30	3912.41
2011	29179.47	3181.79	2613.94	7130.37	12175.04	4078.33
2012	31216.69	3373.48	3226.29	7526.03	12823.39	4264.34

年份 Year	节水灌溉 面积合计 Total Area of Water-saving Irrigation	喷灌 Sprinkler	微灌 Micro-irrigation	低压管灌 Low-pressure Pipe Irrigation	其他 Others
2013	27108.62	2990.62	3856.54	7424.25	12837.21
2014	29018.76	3161.96	4681.50	8271.03	12904.26
2015	31060.44	3747.97	5263.60	8911.76	13137.11
2016	32846.99	4099.45	5854.58	9451.25	13441.71
2017	34318.97	4277.50	6283.47	9990.14	13767.86
2018	36134.72	4410.52	6927.02	10565.77	14231.42
2019	37059.31	4549.78	7047.76	11043.33	14418.45
2020	37795.99	4613.32	7202.61	11374.55	

3-20　2020年节水灌溉面积（按地区分）

Water-saving Irrigated Area in 2020 (by Region)

单位：千公顷 unit: 10³ha

地区	Region	节水灌溉面积合计 Total Area of Water-saving Irrigation	#喷灌 Sprinkler	微灌 Micro-irrigation	低压管灌 Low-pressure Pipe Irrigation
合　计	**Total**	**37795.99**	**4613.32**	**7202.61**	**11374.55**
北　京	Beijing	213.38	34.59	26.18	145.16
天　津	Tianjin	257.95	4.55	2.96	186.02
河　北	Hebei	3648.92	276.73	130.13	2840.21
山　西	Shanxi	1013.38	80.34	57.81	614.23
内蒙古	Inner Mongolia	2931.61	641.56	1116.67	405.71
辽　宁	Liaoning	973.78	143.90	362.86	267.45
吉　林	Jilin	826.02	398.77	231.51	144.80
黑龙江	Heilongjiang	2198.40	1627.28	85.86	11.18
上　海	Shanghai	128.42	3.04	1.01	88.89
江　苏	Jiangsu	2885.25	49.70	68.26	239.57
浙　江	Zhejiang	1101.09	73.64	57.53	106.38
安　徽	Anhui	1100.45	171.54	25.21	90.68
福　建	Fujian	717.16	135.70	56.92	116.39
江　西	Jiangxi	680.52	29.86	45.87	85.31
山　东	Shandong	3569.30	145.71	124.43	2543.18
河　南	Henan	2293.00	196.19	38.34	1382.58
湖　北	Hubei	594.65	135.74	75.42	206.94
湖　南	Hunan	472.18	26.41	15.14	67.00
广　东	Guangdong	428.75	30.97	15.28	42.22
广　西	Guangxi	1189.27	53.22	80.06	194.55
海　南	Hainan	95.73	9.19	20.23	26.59
重　庆	Chongqing	264.65	14.58	5.91	73.62
四　川	Sichuan	1829.58	56.01	44.06	158.31
贵　州	Guizhou	361.58	33.51	25.15	98.91
云　南	Yunnan	1001.68	76.40	148.73	351.96
西　藏	Tibet	38.31	4.49	1.13	16.91
陕　西	Shaanxi	988.07	36.26	69.81	379.34
甘　肃	Gansu	1083.01	40.54	300.54	247.94
青　海	Qinghai	136.55	9.04	11.38	50.19
宁　夏	Ningxia	440.06	40.67	193.47	40.28
新　疆	Xinjiang	4333.31	33.17	3764.76	152.08

3-21 2020年节水灌溉面积（按水资源分区分）

Water-saving Irrigated Area in 2020 (by Water Resources Sub-region)

单位：千公顷   unit: 10³ha

水资源 一级区 Grade-I Water Resources Sub-region	节水灌溉 面积合计 Total Area of Water-saving Irrigation	#喷灌 Sprinkler	微灌 Micro-irrigation	低压管灌 Low-pressure Pipe Irrigation
合 计 **Total**	**37795.99**	**4613.32**	**7202.61**	**11374.55**
松花江区 Songhua River	3515.11	2342.85	379.43	243.59
辽河区 Liaohe River	1927.95	234.63	1028.73	430.23
海河区 Haihe River	5873.30	404.96	238.81	4277.20
黄河区 Yellow River	4451.32	323.76	647.92	1544.56
淮河区 Huaihe River	6339.10	447.11	148.75	2614.85
长江区 Yangtze River	6474.26	382.75	322.95	1221.87
东南诸河区 Southeast Rivers	1518.66	204.61	104.18	164.80
珠江区 Pearl River	2034.55	135.05	178.21	369.87
西南诸河区 Southwest Rivers	472.19	42.93	45.53	164.85
西北诸河区 Northwest Rivers	5189.55	94.68	4108.10	342.75

3-22 2020年节水灌溉面积（按水资源分区和地区分）

Water-saving Irrigated Area in 2020
(by Water Resources Sub-region and Region)

单位：千公顷 unit: 10³ha

地区	Region	节水灌溉面积合计 Total Area of Water-saving Irrigation	#喷灌 Sprinkler	微灌 Micro-irrigation	低压管灌 Low-pressure Pipe Irrigation
松花江区	**Songhua River**	**3515.11**	**2342.85**	**379.43**	**243.59**
内蒙古	Inner Mongolia	565.87	341.53	82.78	117.31
吉 林	Jilin	750.84	374.03	210.79	115.10
黑龙江	Heilongjiang	2198.40	1627.28	85.86	11.18
辽河区	**Liaohe River**	**1927.95**	**234.63**	**1028.73**	**430.23**
内蒙古	Inner Mongolia	891.66	66.44	651.26	139.19
辽 宁	Liaoning	961.11	143.45	356.75	261.34
吉 林	Jilin	75.18	24.74	20.72	29.70
海河区	**Haihe River**	**5873.30**	**404.96**	**238.81**	**4277.20**
北 京	Beijing	213.38	34.59	26.18	145.16
天 津	Tianjin	257.95	4.55	2.96	186.02
河 北	Hebei	3648.92	276.73	130.13	2840.21
山 西	Shanxi	366.09	29.22	27.85	213.48
内蒙古	Inner Mongolia	52.81	38.61	11.77	1.38
辽 宁	Liaoning	12.67	0.45	6.11	6.11
山 东	Shandong	892.51	6.01	24.58	632.41
河 南	Henan	428.97	14.79	9.24	252.43
黄河区	**Yellow River**	**4451.32**	**323.76**	**647.92**	**1544.56**
山 西	Shanxi	647.29	51.12	29.96	400.75
内蒙古	Inner Mongolia	1244.20	140.46	271.70	126.62
山 东	Shandong	298.49	9.71	14.64	239.97
河 南	Henan	452.16	14.11	11.31	259.60
四 川	Sichuan	1.81	0.52		1.29
陕 西	Shaanxi	863.93	27.55	64.50	357.36
甘 肃	Gansu	402.29	31.38	60.98	84.49
青 海	Qinghai	101.10	8.25	1.36	34.21
宁 夏	Ningxia	440.06	40.67	193.47	40.28
淮河区	**Huaihe River**	**6339.10**	**447.11**	**148.75**	**2614.85**
江 苏	Jiangsu	1966.86	22.52	35.43	145.18
安 徽	Anhui	825.13	141.75	13.81	70.85
山 东	Shandong	2378.31	129.99	85.21	1670.80
河 南	Henan	1168.81	152.85	14.30	728.03

3-22 续表 continued

地区	Region	节水灌溉面积合计 Total Area of Water-saving Irrigation	#喷灌 Sprinkler	微灌 Micro-irrigation	低压管灌 Low-pressure Pipe Irrigation
长江区	**Yangtze River**	**6474.26**	**382.75**	**322.95**	**1221.87**
上　海	Shanghai	128.42	3.04	1.01	88.89
江　苏	Jiangsu	918.39	27.18	32.83	94.39
浙　江	Zhejiang	300.17	5.32	10.27	57.97
安　徽	Anhui	274.74	29.22	11.40	19.82
江　西	Jiangxi	680.52	29.86	45.87	85.31
河　南	Henan	243.07	14.45	3.49	142.52
湖　北	Hubei	594.65	135.74	75.42	206.94
湖　南	Hunan	464.80	25.78	14.24	65.66
广　西	Guangxi	39.08	0.07	0.80	1.05
重　庆	Chongqing	264.65	14.58	5.91	73.62
四　川	Sichuan	1827.77	55.49	44.06	157.02
贵　州	Guizhou	256.74	9.20	10.03	62.40
云　南	Yunnan	320.12	21.15	56.90	134.31
陕　西	Shaanxi	124.14	8.71	5.31	21.98
甘　肃	Gansu	34.12	2.32	5.40	9.14
青　海	Qinghai	2.88	0.65		0.84
东南诸河区	**Southeast Rivers**	**1518.66**	**204.61**	**104.18**	**164.80**
浙　江	Zhejiang	800.92	68.33	47.26	48.41
安　徽	Anhui	0.58	0.58		
福　建	Fujian	717.16	135.70	56.92	116.39
珠江区	**Pearl River**	**2034.55**	**135.05**	**178.21**	**369.87**
湖　南	Hunan	7.38	0.63	0.90	1.34
广　东	Guangdong	428.75	30.97	15.28	42.22
广　西	Guangxi	1150.19	53.15	79.25	193.50
海　南	Hainan	95.73	9.19	20.23	26.59
贵　州	Guizhou	104.84	24.30	15.12	36.51
云　南	Yunnan	247.67	16.81	47.43	69.71
西南诸河区	**Southwest Rivers**	**472.19**	**42.93**	**45.53**	**164.85**
云　南	Yunnan	433.89	38.44	44.40	147.94
西　藏	Tibet	38.31	4.49	1.13	16.91
青　海	Qinghai				
西北诸河区	**Northwest Rivers**	**5189.55**	**94.68**	**4108.10**	**342.75**
内蒙古	Inner Mongolia	177.07	54.52	99.16	21.21
甘　肃	Gansu	646.60	6.85	234.16	154.31
青　海	Qinghai	32.58	0.14	10.02	15.15
新　疆	Xinjiang	4333.31	33.17	3764.76	152.08

主要统计指标解释

万亩以上灌区处数　在蓄水、引水、提水等灌溉工程中，灌溉设备齐全、渠系配套完整，自成灌溉体系，有统一管理的灌溉区域的数量。

灌溉面积　一个地区当年农、林、牧等灌溉面积的总和。总灌溉面积=耕地灌溉面积+林地灌溉面积+果园灌溉面积+牧草灌溉面积+其他灌溉面积。

耕地灌溉面积　灌溉工程或设备已基本配套，有一定水源，土地比较平整，在一般年景可以进行正常灌溉的农田或耕地灌溉面积。

耕地实灌面积　利用灌溉工程和设施，在耕地灌溉面积中当年实际已进行正常（灌水一次以上）灌溉的耕地面积。在同一亩耕地上，报告期内无论灌水几次，都应按一亩计算，而不应按灌溉亩次计算。凡是肩挑、人抬、马拉抗旱点种的面积，一律不算实灌面积。耕地实灌面积不大于耕地灌溉面积。

机电排灌面积　由固定站、流动站、机电井、喷灌机械等所有机械、电动力设备进行排水、灌溉的耕地面积。其中，只要有固定的机械排灌的设施，能够进行正常排灌，不论当年是否进行排灌，都应统计为机电排灌面积（含灌排结合面积）。

旱涝保收面积　耕地灌溉面积中，遇旱能灌、遇涝能排的面积。灌溉设施的抗旱能力，按各地不同情况，应达到30～50天；适宜发展双季稻的地方，应达到50～70天。除涝达到5年一遇以上标准，防洪一般达到20年一遇标准的耕地灌溉面积。

农田排灌机械保有量　机、电动力抽水设备提水灌溉和排水统称排灌机械。排灌机械按使用动力分为电动与内燃机。按工程设施分为固定机电排灌站、流动机电排灌、喷滴灌机电排灌及机电井机电排灌4类。

固定机电排灌站处数　以江河、湖泊、水库、渠道等地面水为水源，在固定地点建设的以电动机、柴油机、汽油机等为动力带动水泵抽水灌溉、排水，并已发挥效益的灌溉站、排水站、排灌站的数量。

固定机电排灌站装机容量　等于电动机排灌站装机容量与内燃机排灌站装机容量之和。

机电井眼数　安装柴油机、汽油机、电动机或其他动力机械带动水泵抽取地下水灌溉耕地、牧草地，包括已装机配套的和待装机配套的水井眼数。

配套机电井眼数　已经安装机电提水设备（包括线路）可以进行正常灌溉的机电井眼数。在几眼井上使用一台设备，但能适时灌溉的和一机多用而主要用于机、电井的，均应视为"已配套机电井"，包括由于提水设备或机井本身损坏待修理，暂时不能使用的"已配套机电井"。

机电井装机容量　水利工程机组设备的容量，以机组铭牌的容量为准，包括停机检修和事故备用容量。

配套机电井装机容量　包括机配井装机容量与电配井装机容量之和。

流动机装机容量　等于电动机装机容量与内燃机装机容量之和。

喷滴灌装机容量　用于喷滴灌技术灌溉农用地的喷滴灌使用的机械动力数，只统计喷滴灌机的动力，不包括给喷滴灌机输入、送水源的动力。

Explanatory Notes of Main Statistical Indicators

Number of irrigation district with an area above 10,000 mu Total number of districts above 10,000 mu designed for irrigation purpose and having complete irrigation facilities and sub-canal systems, as self-established irrigation system under unified management, and located in the irrigation schemes for water storage, diversion or lifting.

Irrigated area The sum of irrigated areas for agriculture, forest, pasture and grassland in a particular region. The total irrigated area is equal to the sum of irrigated areas of cultivated land (arable land), forest, fruit garden or orchard, grassland and others. Irrigated areas in the current year mean the total irrigated areas at the end of the year.

Irrigated areas of cultivated land It refers to farmland or cultivated land installed with irrigation facilities and having water source and relatively leveled land, which is being irrigated in normal years.

Actual irrigated area It refers to the area being irrigated (once or more than once) in the statistical year, with irrigation system or facilities. No matter how many times of irrigation is made in the same area of land within report period, it is all counted as one mu. The areas irrigated by means of people or animal carrying water for drought-relief are not included. Actual irrigated area equals to or less than the irrigated area of cultivated land.

Irrigated and drainage areas with mechanical and electrical equipment The areas are drained or irrigated by electrical and mechanical facilities, including fixed or movable irrigation and drainage facilities, electromechanical wells and sprinklers. No matter farmland is irrigated in the statistical year or not, if fixed irrigation facilities are placed, the area should be included (including area for both irrigation and drainage).

Harveat-guaranteed area in case of flood and drought It refers to farmland that can be irrigated in drought season or drained in flood season. The irrigation facility should be able to release drought for 30-50 days based on local conditions in different regions; and release drought for 50-70 days in paddy fields suit for double cropping Waterlogging control in the irrigated areas should reach the standard of once in five years return period and flood control should reach the standard of once in twenty years return period.

Registered machinery and equipment for irrigation and drainage It refers to machinery and equipment driven by mechanical or electrical power for pumping or lifting. According to the source of power, they are divided into electrical power and internal combustion engine. It is also grouped into four types: fixed electric-mechanical irrigation and drainage station, mobile electric-mechanical irrigation and drainage facility, sprinkler and drip, and borehole and tube wells or electric-mechanical wells.

Number of fixed irrigation and drainage stations The total of irrigation and drainage stations that already generate benefits, use surface water such as river, lake, reservoir and canal as sources for pumping water, and are equipped with electric motor, diesel or gasoline engine in a fixed place for irrigation and drainage.

Installed capacity of fixed irrigation and drainage station Sum of installed capacity of fixed electric-mechanical irrigation and drainage station and fixed irrigation and drainage facilities empowered by diesel engine.

Number of mechanical and electrical wells The total number of boreholes and tube wells with installed counterpart facilities or shall be installed according to the plan, which use diesel or gasoline engine, electric motor or other power machines to pump or lift water for irrigation of farmlands and pasture lands.

Number of counterpart mechanical and electric wells Boreholes and tube wells, installed with pumping facilities (including lines), can be used for irrigation; It also includes wells that share one pump but can ensure timely irrigation and temporarily unused wells because of damage and waiting for repair.

Installed capacity of mechanical and electric wells Installed capacity of electric-mechanical equipment based on brand instruction, including repair or overhaul and accident spare capacity.

Installed capacity of counterpart mechanical and electric wells Total of installed capacity of wells equipped with mechanical equipment and installed capacity of wells equipped by electrical equipment.

Installed capacity of mobile equipment Total of installed capacity of electrical motors and installed capacity of internal combustion engines.

Installed capacity of sprinkler and drip It refers to the installed capacity of sprinklers and drips, but excludes the power for conveying water to sprinkler and drip systems.

4 供用水

Water Supply and Utilization

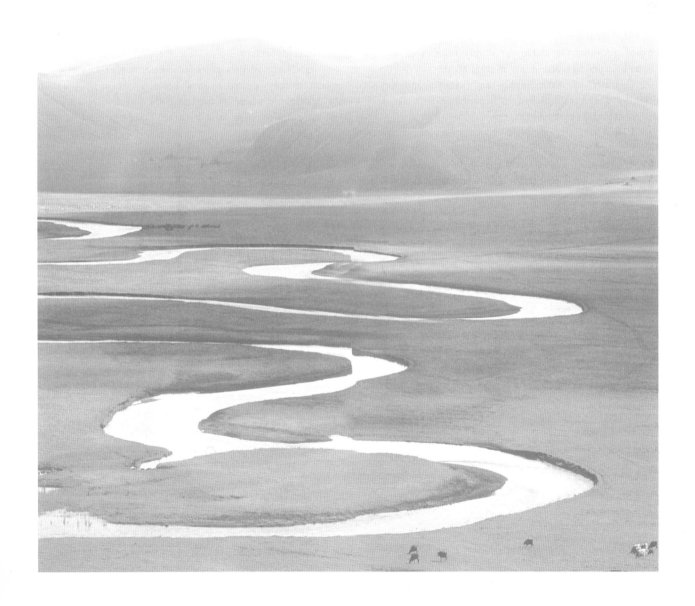

简 要 说 明

供用水统计资料主要包括水利工程设施供水及农村饮水安全等。

供用水量及饮水安全情况按水资源一级分区和地区分组。

1. 供水按受水区分地表水源、地下水源和其他水源统计。

2. 蓄水工程、引水工程、机电井工程与泵站工程供水量统计范围为水利系统管理的工程。

3. 农村饮水安全人口统计范围只限于农村，2004 年及以前年份统计"解决饮水困难人口"指标，2005 年后统计"饮水安全人口"指标。

4. 供水量历史资料汇总 1997 年至今的历史数据；饮水安全情况汇总 1975 年至今的数据。

Brief Introduction

Statistical data of water supply and utilization mainly covers comsumption and water supply utilities as well as status of drinking water safety in rural areas.

Quantity of water supply and safety condition of drinking water is classified in accordance with Grade-I water resources region and region.

1. Water supply is grouped based on sources of water-receiving areas, like surface water, groundwater or others.

2. Statistical data of water supply only includes storage works, water diversion canals, electro-mechanical wells and pumping stations operated by the organs under the Ministry of Water Resources.

3. Statistical data of population access to safe drinking water is only limited to rural areas. Index of "population with drinking water" is used in 2004 and before; the index of "population with safe drinking water" is used in 2005 and after.

4. Historical data of volume of water supply is collected from 1997 until present, data of safe drinking water is collected from 1975 until present.

4-1 历年供用水量

Water Supply and Utilization by Year

单位：亿立方米　　　　　　　　　　　　　　　　　　　　　　　　　　　　unit: 10⁸m³

年份 Year	供水量 合计 Total Water Supply	地表水 Surface Water	地下水 Ground- water	其他 Others	用水量 合计 Total Water Utilization	农业 Agricultural	工业 Industrial	生活 Domestic	人工生态环境 补水 Eco-environmental
2001	5567.4	4450.7	1094.9	21.9	5567.4	3825.7	1141.8	599.9	
2002	5497.3	4404.4	1072.4	20.5	5497.3	3736.2	1142.4	618.7	
2003	5320.4	4286.0	1018.1	16.3	5320.4	3432.8	1177.2	630.9	79.5
2004	5547.8	4504.2	1026.4	17.2	5547.8	3585.7	1228.9	651.2	82.0
2005	5633.0	4572.2	1038.8	22.0	5633.0	3580.0	1285.2	675.1	92.7
2006	5795.0	4706.8	1065.5	22.7	5795.0	3664.4	1343.8	693.8	93.0
2007	5818.7	4723.5	1069.5	25.7	5818.7	3598.5	1404.1	710.4	105.7
2008	5909.9	4796.4	1084.8	28.7	5909.9	3663.4	1397.1	729.2	120.2
2009	5965.2	4839.5	1094.5	31.2	5965.2	3723.1	1390.9	748.2	103.0
2010	6022.0	4881.6	1107.3	33.1	6022.0	3689.1	1447.3	765.8	119.8
2011	6107.2	4953.3	1109.1	44.8	6107.2	3743.6	1461.8	789.9	111.9
2012	6131.2	4952.8	1133.8	44.6	6131.2	3902.5	1380.7	739.7	108.3
2013	6183.4	5007.3	1126.2	49.9	6183.4	3921.5	1406.4	750.1	105.4
2014	6094.9	4920.5	1116.9	57.5	6094.9	3869.0	1356.1	766.6	103.2
2015	6103.2	4969.5	1069.2	64.5	6103.2	3852.2	1334.8	793.5	122.7
2016	6040.2	4912.4	1057.0	70.8	6040.2	3768.0	1308.0	821.6	142.6
2017	6043.4	4945.5	1016.7	81.2	6043.4	3766.4	1277.0	838.1	161.9
2018	6015.5	4952.7	976.4	86.4	6015.5	3693.1	1261.6	859.9	200.9
2019	6021.2	4982.5	934.2	104.5	6021.2	3682.3	1217.6	871.7	249.6
2020	5812.9	4792.3	892.5	128.1	5812.9	3612.4	1030.4	863.1	307.0

Water Supply and Utilization

4-2　2020年供用水量（按地区分）

Water Supply and Utilization in 2020 (by Region)

单位：亿立方米　　　　　　　　　　　　　　　　　　　　　　　　　　　　　　　unit: $10^8 m^3$

地区 Region		供水量				用水量				
		合计 Total Water Supply	地表水 Surface Water	地下水 Ground- water	其他 Others	合计 Total Water Utilization	农业 Agricultural	工业 Industrial	生活 Domestic	人工生态 环境补水 Eco-environ- mental
合　计	Total	5812.9	4792.3	892.5	128.1	5812.9	3612.4	1030.4	863.1	307.0
北　京	Beijing	40.6	15.1	13.5	12.0	40.6	3.2	3.0	17.2	17.2
天　津	Tianjin	27.8	19.2	3.0	5.6	27.8	10.3	4.5	6.6	6.4
河　北	Hebei	182.8	84.8	88.2	9.8	182.8	107.7	18.2	27.0	29.9
山　西	Shanxi	72.8	39.5	27.7	5.5	72.8	41.0	12.4	14.6	4.8
内蒙古	Inner Mongolia	194.4	105.7	81.6	7.1	194.4	140.0	13.4	11.6	29.4
辽　宁	Liaoning	129.3	72.9	50.8	5.7	129.3	79.6	16.9	25.4	7.4
吉　林	Jilin	117.7	79.5	36.0	2.3	117.7	83.0	10.0	13.3	11.4
黑龙江	Heilongjiang	314.1	182.9	129.4	1.8	314.1	278.4	18.5	14.9	2.3
上　海	Shanghai	97.5	97.4	0.0	0.1	97.5	15.2	57.9	23.6	0.8
江　苏	Jiangsu	572.0	556.0	4.3	11.7	572.0	266.6	236.9	63.7	4.8
浙　江	Zhejiang	163.9	159.7	0.3	4.0	163.9	73.9	35.7	47.4	7.0
安　徽	Anhui	268.3	233.8	28.7	5.8	268.3	144.5	80.4	35.1	8.3
福　建	Fujian	183.0	177.8	3.4	1.8	183.0	99.7	41.1	33.0	9.3
江　西	Jiangxi	244.1	235.8	6.0	2.3	244.1	161.9	50.4	28.8	3.2
山　东	Shandong	222.5	135.7	75.0	11.9	222.5	134.0	31.9	37.5	19.1
河　南	Henan	237.1	120.8	105.8	10.6	237.1	123.5	35.6	43.1	35.0
湖　北	Hubei	278.9	273.8	4.6	0.4	278.9	139.1	77.6	50.3	11.8
湖　南	Hunan	305.1	297.9	4.8	2.4	305.1	195.8	58.0	44.4	6.9
广　东	Guangdong	405.1	390.4	11.1	3.6	405.1	210.9	80.4	107.9	6.0
广　西	Guangxi	261.1	249.8	9.1	2.2	261.1	186.9	34.7	35.4	4.1
海　南	Hainan	44.0	42.6	1.1	0.3	44.0	33.4	1.5	8.0	1.1
重　庆	Chongqing	70.1	64.6	1.0	4.6	70.1	29.0	17.1	22.4	1.7
四　川	Sichuan	236.9	227.8	7.9	1.1	236.9	153.9	23.5	53.6	5.9
贵　州	Guizhou	90.1	87.1	2.0	1.0	90.1	51.8	18.7	18.0	1.7
云　南	Yunnan	156.0	149.9	3.8	2.3	156.0	110.0	16.5	25.1	4.4
西　藏	Tibet	32.2	28.5	3.6	0.1	32.2	27.4	1.2	3.3	0.3
陕　西	Shaanxi	90.6	55.7	30.9	4.0	90.6	55.6	10.9	18.9	5.2
甘　肃	Gansu	109.9	82.1	23.6	4.2	109.9	83.7	6.2	9.3	10.7
青　海	Qinghai	24.3	18.9	4.8	0.5	24.3	17.7	2.4	3.0	1.1
宁　夏	Ningxia	70.2	63.6	6.1	0.5	70.2	58.6	4.2	3.7	3.7
新　疆	Xinjiang	570.4	442.9	124.3	3.1	570.4	496.2	10.7	17.3	46.2

4-3 2020 年供用水量（按水资源分区分）

Water Supply and Utilization in 2020 (by Water Resources Sub-region)

单位：亿立方米   unit: $10^8 m^3$

水资源一级区	Grade-I Water Resources Sub-region	供水量				用水量				
		合计 Total Water Supply	地表水 Surface Water	地下水 Ground-water	其他 Others	合计 Total Water Utilization	农业 Agricultural	工业 Industrial	生活 Domestic	人工生态环境补水 Eco-environmental
合	**Total**	**5812.9**	**4792.3**	**892.5**	**128.1**	**5812.9**	**3612.4**	**1030.4**	**863.1**	**307.0**
松花江区	Songhua River	449.1	276.1	168.1	4.9	449.1	372.7	28.5	27.8	20.1
辽河区	Liaohe River	191.0	88.8	95.2	7.0	191.0	128.7	19.9	30.5	11.9
海河区	Haihe River	372.0	192.5	147.8	31.7	372.0	199.5	41.3	65.8	65.4
黄河区	Yellow River	392.7	263.7	110.5	18.5	392.7	262.6	46.3	53.3	30.4
淮河区	Huaihe River	600.8	438.2	141.2	21.5	600.8	391.5	76.2	94.4	38.8
长江区	Yangtze River	1957.6	1891.0	40.3	26.3	1957.6	981.8	599.8	330.2	45.7
其中：太湖流域	Among Which: Taihu Lake	333.5	325.4	0.1	8.0	333.5	72.6	198.0	59.5	3.5
东南诸河区	Southeast Rivers	295.1	287.2	3.6	4.3	295.1	145.3	67.7	67.1	15.0
珠江区	Pearl River	772.9	741.4	23.9	7.6	772.9	472.3	127.7	160.3	12.6
西南诸河区	Southwest Rivers	106.1	100.8	4.2	1.0	106.1	84.9	7.0	12.1	2.0
西北诸河区	Northwest Rivers	675.7	512.5	157.8	5.3	675.7	573.0	16.1	21.5	65.1

4-4　历年解决农村人口和牲畜饮水情况

Drinking Water for Rural Population and Livestock by Year

年份 Year	累计解决的数量 Accumulated Number of People		牲畜 /万头 Livestock /10⁴head	饮水安全 总人口 /万人 Total Population with Safe Drinking Water /10⁴persons	#只达到基本 安全人口 Population with Fairly Safe Drinking Water	新增饮水安全 达标人口 /万人 Newly-increased Population with Safe Drinking Water /10⁴persons
	人数 /万人 Population /10⁴persons	#新解决 Population with Safe Drinking Water				
1977	3431		1701			
1978	3796		1995			
1979	4005		2096			
1980	5294		3092			
1981	5792		3390			
1982	6382		3597			
1983	6660		3991			
1984	7673		4319			
1985	8467		4609			
1986	9390		5576			
1987	10571		6213			
1988	11487		6756			
1989	12314		7303			
1990	13278		7906			
1991	14024		8355			
1992	15148		8917			
1993	15907		9377			
1994	16499		9793			
1995	17353		10360			
1996	18353		10654			
1997	19611		12220			
1998	20886		13357			
1999	21674		14557			
2000	22520		14698			
2001	23813		15509			
2002	26373		17131			
2003	28189		18214			
2004	29662	1473	19094			
2005	30355	701		61836		1104
2006				55939		2945
2007				58339	27659	4468
2008				62329	28287	5378
2009				62721	25149	7295
2010				67070	26082	6717
2011				70305	25563	6397
2012				74942	24715	7294
2013				80650		5696
2014				86230		5581
2015				92939		6709

4-5 2020 年主要用水指标（按水资源分区分）

Key Indicators for Water Utilization in 2020 (by Water Resources Sub-region)

水资源 一级区	Grade-I Water Resources Sub-region	人均综合用水量 /立方米 Comprehensive Water Use Per Capita /m³	万元国内生产总值用水量 /立方米 Water Consumption Per 10,000 Yuan of GDP /m³	耕地实际灌溉亩均用水量 /立方米 Water Use Per mu of Irrigated Farmland /m³	人均生活用水量/（升每天） Domestic Water Use Per Capita /(L/d)			万元工业增加值用水量 /立方米 Water Consumption Per 10,000 Yuan of Added Industrial Production Value /m³
					城镇生活 Urban	居民 Household	农村居民 Rural	
合　计	**Total**	**412**	**57.2**	**356**	**207**	**134**	**100**	**32.9**
松花江区	Songhua River	859	175.5	388	169	122	104	44.5
辽河区	Liaohe River	369	62.9	283	183	122	112	21.7
海河区	Haihe River	247	34.7	170	138	91	84	15.7
黄河区	Yellow River	341	53.5	291	156	106	80	19.6
淮河区	Huaihe River	294	43.1	217	157	110	82	16.9
长江区	Yangtze River	427	53.2	399	249	157	108	52.9
其中：太湖流域	Among Which: Taihu Lake	511	33.6	469	279	161	107	59.8
东南诸河区	Southeast Rivers	328	33.0	459	242	139	120	21.0
珠江区	Pearl River	372	51.1	679	259	167	122	26.4
西南诸河区	Southwest Rivers	478	114.1	429	240	132	85	41.8
西北诸河区	Northwest Rivers	1962	361.1	522	211	148	125	24.5

注　1. 万元国内生产总值用水量和万元工业增加值用水量指标按当年价格计算。

　　2. 本表计算中所使用的人口数字为年平均人口数。

　　3. 本表中"人均生活用水量"中的"城镇生活"包括居民家庭生活用水和公共用水（含第三产业及建筑业等用水），"居民"仅包括居民家庭生活用水。

Notes　1. Water consumptions per 10,000 yuan of GDP and added industrial output value are based on the prices in 2019.

　　2. The population used for calculation of this table is the yearly average.

　　3. In the column of Domestic Water Use Per Capita, "urban" includes water use of household and water use for public purposes (including water use of tertiary and construction industries), and "household" refers to water use for indoor household purpose only.

4-6　2020 年主要用水指标（按地区分）
Key Indicators for Water Utilization in 2020 (by Region)

地区	Region	人均综合用水量/立方米 Comprehensive Water Use Per Capita /m³	万元国内生产总值用水量/立方米 Water Consumption Per 10,000 Yuan of GDP /m³	耕地实际灌溉亩均用水量/立方米 Water Use Per mu of Irrigated Farmland /m³	农田灌溉水有效利用系数 Coefficient of Effective Utilization of Farmland Irrigation Water	人均生活用水量/升每天 Domestic Water Use Per Capita /(L/d) 城镇生活 Urban	居民 Household	农村居民 Rural	万元工业增加值用水量/立方米 Water Consumption Per 10,000 Yuan of Added Industrial Production Value /m³
合　计	**Total**	**412**	**57.2**	**356**	**0.565**	**207**	**134**	**100**	**32.9**
北　京	Beijing	185	11.2	119	0.750	221	135	128	7.1
天　津	Tianjin	201	19.8	230	0.720	143	94	67	10.7
河　北	Hebei	245	50.5	157	0.675	163	119	56	15.7
山　西	Shanxi	208	41.2	171	0.551	137	99	78	18.4
内蒙古	Inner Mongolia	807	112.0	256	0.564	149	109	98	24.2
辽　宁	Liaoning	303	51.5	401	0.592	185	123	106	21.3
吉　林	Jilin	485	95.6	346	0.602	178	116	105	28.5
黑龙江	Heilongjiang	976	229.3	411	0.613	143	111	97	58.9
上　海	Shanghai	393	25.2	489	0.738	280	160	96	60.0
江　苏	Jiangsu	675	55.7	423	0.616	245	159	101	62.8
浙　江	Zhejiang	256	25.4	329	0.602	239	132	110	15.8
安　徽	Anhui	440	69.4	236	0.551	204	141	94	68.9
福　建	Fujian	441	41.7	637	0.557	257	146	133	26.1
江　西	Jiangxi	540	95.0	598	0.515	226	157	98	56.3
山　东	Shandong	220	30.4	160	0.646	118	82	74	13.8
河　南	Henan	239	43.1	164	0.617	160	116	70	20.0
湖　北	Hubei	477	64.2	304	0.528	313	172	108	54.5
湖　南	Hunan	459	73.0	484	0.541	228	145	121	46.9
广　东	Guangdong	323	36.6	730	0.514	273	168	133	20.7
广　西	Guangxi	522	117.8	764	0.509	252	185	127	66.5
海　南	Hainan	440	79.6	749	0.572	276	186	131	28.6
重　庆	Chongqing	219	28.0	319	0.504	236	164	94	24.5
四　川	Sichuan	283	48.7	359	0.484	219	154	120	17.5
贵　州	Guizhou	234	50.5	307	0.486	174	119	78	40.5
云　南	Yunnan	331	63.6	373	0.492	206	132	87	30.3
西　藏	Tibet	886	169.0	521	0.451	594	192	63	82.1
陕　西	Shaanxi	229	34.6	260	0.579	156	97	90	12.3
甘　肃	Gansu	439	121.9	425	0.570	137	97	63	27.3
青　海	Qinghai	411	80.8	442	0.501	183	107	79	31.0
宁　夏	Ningxia	977	179.1	643	0.551	181	100	70	32.7
新　疆	Xinjiang	2218	413.4	547	0.570	225	162	138	29.5

注　1. 万元国内生产总值用水量和万元工业增加值用水量指标按当年价格计算。

　　2. 本表计算中所使用的人口数字为年平均人口数。

　　3. 本表中"人均生活用水量"中的"城镇生活"包括居民家庭生活用水和公共用水（含第三产业及建筑业等用水），"居民"仅包括居民家庭生活用水。

Notes　1. Water consumptions per 10,000 yuan of GDP and added industrial output value are based on the prices in 2019.

　　2. The population used for calculation of this table is the yearly average.

　　3. In the column of Domestic Water Use Per Capita, "urban" includes water use of household and water use for public purposes (including water use of tertiary and construction industries), and "household" refers to water use for indoor household purpose only.

主要统计指标解释

供水量 各种水源为用水户提供的包括输水损失在内的毛水量。

用水量 各类用水户取用的包括输水损失在内的毛水量，又称取水量。

累计解决农村饮水困难人口（或牲畜） 截至报告期，通过修建水利设施，解决了水源问题、改良了水质，而改善、解决饮水困难的农村人口（或牲畜）的数量。

农村饮水安全标准 农村饮水安全评价分安全和基本安全 2 个档次，由水质、水量、用水方便程度和供水保证率 4 项指标组成，4 项指标全部达标才能评价为安全；4 项指标中全部基本达标或基本达标以上才能评价为基本安全，只要有一项未达标或未基本达标，就不能评价为安全或基本安全。水量：对于年均降水量不低于 800mm 且年人均水资源量不低于 1000m³ 的地区，水量不低于 60L/（人·天）为达标，水量不低于 35L/（人·天）为基本达标；其他地区水量不低于 40L/（人·天）为达标，水量不低于 20L/（人·天）为基本达标。水质：千吨万人供水工程的用水户，水质符合《生活饮用水卫生标准》（GB 5749—2006）的规定；千吨万人以下集中供水工程及分散供水工程的用水户，水质符合标准中宽限规定为达标。对于当地人群肠道传染病发病趋势保持平稳、没有突发的地区，在不评价菌落总数和消毒剂指标的情况下，千吨万人供水工程的用水户，水质符合标准规定；千吨万人以下集中供水工程的用水户，水质符合标准中农村供水水质宽限规定；分散供水工程的用水户，饮用水中无肉眼可见杂质、无异色异味、用水户长期饮用无不良反应为基本达标。用水方便程度：供水入户（含小区或院子）或具备入户条件；人力取水往返时间不超过 10min，或取水水平距离不超过 400m、垂直距离不超过 40m 为达标。人力取水往返时间不超过 20min，或取水水平距离不超过 800m、垂直距离不超过 80m 为基本达标。牧区，可用简易交通工具取水往返时间进行评价。供水保证率：不低于 95% 为达标，不低于 90% 为基本达标。

农村饮水安全总人口 满足农村饮水基本安全或以上的县（市、区）（不含县城城区）的乡镇、村庄、学校等居民及分散住户总人口。

农业灌溉供水量 水利工程为农田、林地、果园、牧草灌溉实际毛供水量的总和。

工业生产供水量 水利工程为工业生产的供水量。1991 年以前乡镇工业供水统计在农业供水中，从 1992 年开始统计在工业供水中。乡镇企业供水指水利工程为乡镇工业及农副产品加工实际毛供水量。

城镇生活供水量 水利工程对城镇居民生活供水量，还包括用于餐饮、服务以及市政环卫等公共服务方面的供水。生活供水主要统计各类水利工程向自来水厂或城镇居民供应的原水量，即未经任何处理的水量。

乡村生活供水量 水利工程为乡村居民生活的供水量，除乡村居民生活用水外，还包括牲畜用水。

生态环境供水量 主要指通过水利工程设施向城镇、乡村生态脆弱地区或恶化地区以及其他地区补水，以维持、控制、恢复、改善原有的生态环境状态，如为了避免湿地萎缩、维持地下水位、防止海水入侵、维持河川基流、恢复原有湖泊、保护植被等目的，以及为了维持人类居住地的生态环境需要所进行的补水。

Explanatory Notes of Main Statistical Indicators

Water supply Gross amount of water provided by all kinds of water sources, including loss during transportation.

Water use Gross amount of water used by all kinds of users, including loss during transportation.

Accumulated rural population (or livestock) with drinking water Population or number of livestock that are able to access drinking water by means of construction of water facilities, finding of water sources and improvement of water quality until the statistical date of this report.

Standard on safe drinking water in rural areas The index system for evaluating safety of drinking water in rural areas uses two criteria of safe and fairly safe, and is formed by four indicators of water quantity, water quality, convenience to access water and guarantee rate. If one of the four indicators fails to meet these requirements, it cannot be deemed as safe or fairly safe. In terms of water quantity, safe means one person can have no less than 60 L of water per day in the region with average precipitation above 800 mm and water resource per capita higher than 1,000 m^3. Fairly safe means one person can have no less than 35 L water per day. For other areas, safe means one person can have no less than 40 L of water per day, while fairly safe means one person can have no less than 20 L water per day. In terms of water quality, safe means water quality can meet the *National Sanitary Standards for Drinking Water* (GB 5749-2006) if water is provided by water utilities with a capacity of above 1,000 tons or 10,000 users; or water quality complies with the standard grace provisions stipulated in the standards, if water is provided by water utilities with a capacity of below 1,000 tons or 10,000 users or decentralized water supply utilities. Fairly safe means water complies with the standards of low incidence of intestinal infectious diseases or no disease outbreak, if it is provided by water utilities with a capacity of above 1,000 tons or 10,000 users, without evaluating the total number of colonies and disinfectant indicator; or water complies with the grace provisions stipulated in the standards, if it is provided by water utilities with a capacity of below 1,000 tons or 10,000 users; or water has no visible impurities and odor without causing adverse reaction if it is provided by decentralized water supply utilities. In terms of convenience to access water, safe means tap water is provided to households (including residential areas or courtyards) or can be connected to household; people can get water within 10 minutes or water can be taken within 400 m horizontally and 40 m vertically. Fairly safe means people can get water within 20 minutes, or water can be taken within 800 m horizontally and 80 m vertically. In terms of guarantee rate, safe means the guarantee rate of water supply should be higher than 95%. Fairly safe means the guarantee of water supply should be higher than 90%.

Total population in rural areas with safe drinking water Total population of townships, villages and schools or scattered households in counties (city and districts) where drinking water quality can meet safe or fairly safe standards.

Water supply for agricultural irrigation Total water provided by waterworks for irrigation of farmland, forest, orchard and grassland.

Water supply for industrial use Water provided by waterworks for industries in urban and rural areas. Before 1991, the quantity of water supply for township industries is included in agricultural water supply, but from 1992 it is regarded as industrial water supply. Water supply for township enterprise means actual gross amount of water supply provided by waterworks for industries and processing of agricultural products and by-products in towns.

Water supply for urban domestic use It refers to water supplied to urban residents, as well as restaurants, service industry, environmental use, sanitation and other public facilities of the city. Water supply for urban domestic use equals to source water provided by all kinds of waterworks to water treatment plants or urban residents, i.e., the amount of water without any treatment.

Water supply for rural domestic use Amount of water supply for utilization of rural residents and livestock.

Water supply for eco-environment Water supply is made by engineering structures or utilities, in order to recharge the areas suffering from ecological fragile or deterioration, and sustain, control, restore and improve ecosystem and environment, such as prevention of wetlands shrinking, drop of groundwater level, seawater intrusion, sustaining of base flow of rivers, restoration of lake and vegetation, and satisfying the needs of eco-environment in the living areas of human being.

5 水土保持

Soil and Water Conservation

简 要 说 明

水土保持统计资料主要包括水土流失治理面积及其分类治理面积等，按年度、水资源一级区和地区进行分组。

1. 小流域治理统计范围是指列入县级以上（含县级）治理规划，并进行重点治理的流域面积在 5 平方千米以上的小流域。

2. 水土流失治理面积历史资料汇总 1973 年至今的数据；新增水土流失治理面积历史资料汇总 1989 年至今的数据。

3. 水土流失治理面积已与 2011 年水利普查数据进行了衔接。

Brief Introduction

Statistical data of soil and water conservation mainly includes recovered area from erosion and types of measures for erosion control. The data is grouped in accordance with year, Grade-I water resources region and region.

1. The scope of statistics for small watershed under control covers those listed in the plan at and above the county level, and drainage area of small watershed that has an area of more than 5 km^2.

2. Historical data of recovered area is collected from 1973 until present, and historical data of newly-increased recovered area is from 1989 until present.

3. The data of recovered area from erosion is integrated with the First National Census for Water of 2011.

5-1 水 土 流 失 面 积

Soil Erosion Area

单位：平方公里   unit: km^2

地 区	Region	水力侵蚀面积 Water Erosion Area	风力侵蚀面积 Wind Erosion Area	水土流失面积 Soil Erosion Area
合 计	Total	**1119988**	**1572712**	**2692700**
北 京	Beijing	2086	0	2086
天 津	Tianjin	197	0	197
河 北	Hebei	36488	4455	40943
山 西	Shanxi	58914	29	58943
内蒙古	Inner Mongolia	81912	499469	581381
辽 宁	Liaoning	35084	817	35901
吉 林	Jilin	29302	11862	41164
黑龙江	Heilongjiang	65934	8096	74030
上 海	Shanghai	3	0	3
江 苏	Jiangsu	2230	0	2230
浙 江	Zhejiang	7374	0	7374
安 徽	Anhui	12039	0	12039
福 建	Fujian	9240	0	9240
江 西	Jiangxi	23614	0	23614
山 东	Shandong	23051	726	23777
河 南	Henan	19809	1294	21103
湖 北	Hubei	31640	0	31640
湖 南	Hunan	29842	0	29842
广 东	Guangdong	17636	0	17636
广 西	Guangxi	38454	0	38454
海 南	Hainan	1706	0	1706
重 庆	Chongqing	25142	0	25142
四 川	Sichuan	105955	3546	109501
贵 州	Guizhou	47008	0	47008
云 南	Yunnan	100616	0	100616
西 藏	Tibet	58310	35531	93841
陕 西	Shaanxi	62227	1884	64111
甘 肃	Gansu	64002	119863	183865
青 海	Qinghai	37107	124536	161643
宁 夏	Ningxia	10681	5006	15687
新 疆	Xinjiang	82385	755598	837983

注　本数据来源于2020年度全国水土流失动态监测成果。

Note　The data is sourced from national database of dynamic monitoring of soil erosion in 2020.

5-2　历年水土流失治理面积

Recovered Area from Soil Erosion by Year

单位：千公顷　　　　　　　　　　　　　　　　　　　　　　　　　　　　　　　　　unit: 10³ha

年份 Year	水土流失治理 面积 Recovered Area	#水平梯田 Leveled Terraced Field	坝地 Gully Dammed Field	水保林 Water Conservation Forest
1976	42007	7383	942	
1977	42441	7161	929	20924
1978	40435	7239	891	
1979	40606	6461	931	21273
1980	41152	6539	895	21679
1981	41647	6427	878	21647
1982	41412	6367	924	22367
1983	42405	6457	922	22829
1984	44623	7062	1050	24570
1985	46393	6982	1275	25648
1986	47909	7436	1269	26923
1987	49528	7755	1579	27889
1988	51349	7952	1438	29461
1989	52154	8209	1495	30490
1990	52971	7623	1563	31660
1991	55838	8072	1893	33381
1992	58635			

年份 Year	水土流失 治理面积 Recovered Area	#小流域 治理面积 Recovered Area of Small Watershed	水土流失 治理面积 新增合计 Total Newly-increased Recovered Area	水平梯田 Leveled Terraced Field	坝地 Gully Dammed Field	水保林 Water Conservation Forest	种草 Planted Grassland	其他 Others	水土流失 治理面积 减少 Reduction of Recovered Area
1993	61253								
1994	64080								
1995	66855								
1996	69321								
1997	72242								
1998	75022								
1999	77828								

5-2 续表 continued

年份 Year	水土流失治理面积 Recoverd Area	#小流域治理面积 Recoverd Area of Small Watershed	水土流失治理面积新增合计 Total Newly-increased Recovered Area	水平梯田 Leveled Terraced Field	坝地 Gully Dammed Field	水保林 Water Conservation Forest	种草 Planted Grassland	其他 Others	水土流失治理面积减少 Reduction of Recovered Area
2000	80961	28473	4728						1595
2001	81539	30385	4888						4309
2002	85410	34255	5056						1186
2003	89714	35628	5538						1234
2004	92004	36040	4445						2156
2005	94654	37059	4198						1102
2006	97491	37915	3969						1543
2007	99871	38731	3916	311	58	1497	537	1513	1471
2008	101587	39189	3867	275	41	1474	492	1584	2666
2009	104545	41139	4318	412	38	1647	470	1751	1373
2010	106800	41602	4015	401	42	1500	409	1663	1737
2011	109664	41425	4008	437	46	1565	388	1572	1306
2012	102953	41131	4372	524	27	1564	406	1851	1452

年份 Year	水土流失治理面积 Recovered Area	#小流域治理面积 Recovered Area of Small Watershed	水土流失治理面积新增合计 Total Newly-increased Recovered Area	基本农田 Prime Farmland 水平梯田 Leveled Terraced Field	坝地 Gully Dammed Field	其他 Others	水保林 Water Conservation Forest	经济林 Economic Forest	种草 Planted Grassland	封禁治理 Blockading Administration	其他 Others
2013	106892	34248	5271	553	16	157	1411	568	340	1681	544
2014	111609	35813	5497	473	30	126	1507	567	361	1898	532
2015	115578	37883	5385	483	13	93	1408	556	323	1855	652
2016	120412	39738	5620	456	16	103	1690	643	423	1559	731
2017	125839	40847	5899	418	8		1521	628	426	1922	975
2018	131532	42204	6436	365	8		1627	718	421	2116	1182
2019	137325	43277	6685	329	5		1675	743	346	2286	1300
2020	143122	44423	6431	374	2		1411	639	399	2144	1462

5-3 2020 年水土流失治理面积（按地区分）

Recovered Area from Soil Erosion in 2020 (by Region)

单位：千公顷   unit: 10³ha

地区 Region		水土流失治理面积 Recovered Area	#小流域治理面积 Recovered Area of Small Watershed	水土流失治理面积新增合计 Total Newly-increased Recovered Area	基本农田 Prime Farmland		水保林 Water Conservation Forest	经济林 Economic Forest	种草 Planted Grassland	封禁治理 Blockading Administration	其他 Others
					水平梯田 Leveled Terraced Field	坝地 Gully Dammed Field					
合　计	Total	143122.1	44422.6	6430.6	374.5	2.3	1410.9	639.0	398.5	2143.7	1461.7
北　京	Beijing	928.7	928.7	27.1	0.3		0.01	0.01		26.8	0.04
天　津	Tianjin	101.8	51.0	1.2	0.01					0.1	1.1
河　北	Hebei	5934.4	3108.2	219.9	5.0	0.2	88.1	13.8	10.2	86.2	16.5
山　西	Shanxi	7395.7	717.6	360.6	24.7	1.4	186.9	22.5	4.5	98.6	22.0
内蒙古	Inner Mongolia	15221.5	3400.0	658.1	4.5		170.9	21.4	90.9	295.2	75.1
辽　宁	Liaoning	5723.6	2599.2	170.2	6.9		67.5	11.4	4.4	35.3	44.6
吉　林	Jilin	2801.6	210.4	208.0			43.2	8.1	11.1	2.9	142.7
黑龙江	Heilongjiang	5747.5	1154.9	417.7	1.6		8.8	1.9	0.7	30.2	374.4
上　海	Shanghai										
江　苏	Jiangsu	950.7	346.4	10.3	0.3		2.7	2.2	0.7	0.05	4.4
浙　江	Zhejiang	3659.7	622.7	48.4	2.5	0.1	6.3	6.2	0.7	23.8	8.8
安　徽	Anhui	2157.0	854.6	81.1	0.9		7.1	0.4		63.4	9.4
福　建	Fujian	4031.8	820.8	157.7	4.5		27.6	10.6	1.8	103.6	9.6
江　西	Jiangxi	6195.9	1503.4	126.7	0.1		24.8	12.3	0.7	87.1	1.7
山　东	Shandong	4430.3	1725.6	155.7	35.5		40.7	16.2	1.7	31.8	29.8
河　南	Henan	4033.8	2301.3	131.2	8.1		47.2	12.4	1.1	49.7	12.9
湖　北	Hubei	6396.0	1993.7	143.5	6.2		28.1	13.1	2.9	80.8	12.4
湖　南	Hunan	4063.1	1079.0	170.8	8.8		37.4	25.1	2.2	94.3	3.0
广　东	Guangdong	1953.7	196.4	95.6	0.7		33.5	10.6	1.2	44.7	4.8
广　西	Guangxi	3048.0	730.9	202.9	2.9		25.8	68.6	0.6	92.0	13.1
海　南	Hainan	139.3	83.1	12.8	0.2		0.3	4.4	0.01	2.7	5.2
重　庆	Chongqing	3856.0	1764.8	133.5	5.6		16.5	24.7	1.6	37.8	47.4
四　川	Sichuan	10974.6	4983.5	511.0	75.2	0.2	57.8	83.2	60.7	128.5	105.4
贵　州	Guizhou	7577.0	3306.3	258.8	5.7		28.5	82.1	8.3	112.7	21.6
云　南	Yunnan	10543.1	2236.1	524.4	47.2	0.4	68.4	119.3	23.6	166.8	98.7
西　藏	Tibet	711.9	151.4	89.4	0.004		15.4	0.1	10.9	49.8	13.2
陕　西	Shaanxi	8163.7	3159.7	306.2	32.7		92.0	29.2	8.6	120.0	23.6
甘　肃	Gansu	10100.0	2761.8	721.1	74.2	0.1	192.9	24.5	110.5	158.0	160.9
青　海	Qinghai	1607.8	550.5	204.0	6.9		4.3	0.1	0.2	32.2	160.3
宁　夏	Ningxia	2471.5	794.0	88.4	13.2		25.8	6.8	7.3	33.8	1.5
新　疆	Xinjiang	2202.3	286.7	194.2			62.5	7.9	31.3	54.9	37.6

5-4 2020 年水土流失治理面积（按水资源分区分）

Recovered Area from Soil Erosion in 2020 (by Water Resources Sub-region)

单位：千公顷 unit: 10³ha

水资源一级区 Grade-I Water Resources Sub-region		水土流失治理面积 Recovered Area	#小流域治理面积 Recovered Area of Small Watershed	水土流失治理面积新增合计 Total Newly-increased Recovered Area	基本农田 Prime Farmland		水保林 Water Conservation Forest	经济林 Economic Forest	种草 Planted Grassland	封禁治理 Blockading Administration	其他 Others
					水平梯田 Leveled Terraced Field	坝地 Gully Dammed Field					
合 计	Total	143122.1	44422.6	6430.6	374.5	2.3	1410.9	639.0	398.5	2143.7	1461.7
松花江区	Songhua River	11065.5	1758.6	738.5	1.7		77.5	13.2	53.9	68.0	524.2
辽河区	Liaohe River	9846.9	3572.9	310.0	10.3		100.1	20.8	31.4	69.4	77.9
海河区	Haihe River	11122.8	5030.0	414.0	12.2	1.3	157.0	20.7	12.0	180.2	30.5
黄河区	Yellow River	27850.0	8037.1	1362.2	131.3	0.4	476.0	73.3	120.5	375.4	185.3
淮河区	Huaihe River	6466.3	2793.1	189.6	35.7		47.5	17.1	1.8	61.7	25.8
长江区	Yangtze River	47390.7	17774.1	1711.1	134.9	0.2	272.5	276.1	86.4	688.5	252.4
东南诸河区	Southeast Rivers	7547.4	1399.5	201.7	7.0	0.1	33.4	15.1	2.6	125.9	17.6
珠江区	Pearl River	9387.3	2103.6	483.4	11.2		82.9	124.3	7.8	202.8	54.4
西南诸河区	Southwest Rivers	5543.1	982.2	361.9	30.3	0.4	47.0	63.5	23.9	130.3	66.5
西北诸河区	Northwest Rivers	6902.0	971.5	658.4			116.9	14.8	58.1	241.4	227.2

5-5 2020年水土流失治理面积（按水资源分区和地区分）

Recovered Area from Soil Erosion in 2020 (by Water Resources Sub-region and Region)

单位：千公顷   unit: 10³ha

地区 Region		水土流失 治理面积 Recovered Area	#小流域 治理面积 Recovered Area of Small Watershed	水土流失 治理面积 新增合计 Total Newly-incre- ased Recovered Area	基本农田 Prime Farmland		水保林 Water Conserv- ation Forest	经济林 Economic Forest	种草 Planted Grassland	封禁治理 Blockading Administra- tion	其他 Others
					水平梯田 Leveled Terraced Field	坝地 Gully Dammed Field					
松花江区	**Songhua River**	**11065.5**	**1758.6**	**738.5**	**1.7**		**77.5**	**13.2**	**53.9**	**68.0**	**524.2**
内蒙古	Inner Mongolia	2794.7	397.5	138.5	0.01		29.8	5.2	43.1	37.2	23.2
吉 林	Jilin	2523.3	206.2	182.2			38.9	6.1	10.1	0.7	126.5
黑龙江	Heilongjiang	5747.5	1154.9	417.7	1.6		8.8	1.9	0.7	30.2	374.4
辽河区	**Liaohe River**	**9846.9**	**3572.9**	**310.0**	**10.3**		**100.1**	**20.8**	**31.4**	**69.4**	**77.9**
内蒙古	Inner Mongolia	3999.1	998.4	123.5	3.9		30.9	9.5	26.0	36.1	17.1
辽 宁	Liaoning	5569.6	2570.4	160.8	6.5		65.0	9.2	4.4	31.1	44.6
吉 林	Jilin	278.3	4.2	25.7			4.3	2.1	1.0	2.2	16.1
海河区	**Haihe River**	**11122.8**	**5030.0**	**414.0**	**12.2**	**1.3**	**157.0**	**20.7**	**12.0**	**180.2**	**30.5**
北 京	Beijing	928.7	928.7	27.1	0.3		0.01	0.01		26.8	0.04
天 津	Tianjin	101.8	51.0	1.2	0.01					0.1	1.1
河 北	Hebei	5934.4	3108.2	219.9	5.0	0.2	88.1	13.8	10.2	86.2	16.5
山 西	Shanxi	2685.1	359.9	120.4	6.1	1.1	56.8	2.5	1.5	46.7	5.5
内蒙古	Inner Mongolia	543.4	275.0	10.0			1.0			6.9	2.2
辽 宁	Liaoning	154.0	28.9	9.4	0.5		2.5	2.2		4.3	
山 东	Shandong	382.2	57.6	11.5			5.6	1.4	0.22		4.3
河 南	Henan	393.2	220.7	14.4	0.3		3.0	0.8	0.1	9.3	0.9
黄河区	**Yellow River**	**27850.0**	**8037.1**	**1362.2**	**131.3**	**0.4**	**476.0**	**73.3**	**120.5**	**375.4**	**185.3**
山 西	Shanxi	4710.6	357.7	240.2	18.6	0.2	130.0	20.0	3.0	51.9	16.4
内蒙古	Inner Mongolia	5438.0	1109.8	238.2	0.7		86.6	4.1	20.7	110.6	15.6
山 东	Shandong	380.4	200.1	17.2	2.6		6.5	1.3	0.01	2.0	4.8
河 南	Henan	1147.3	578.1	56.9	3.9		21.5	7.8	0.8	14.5	8.4
四 川	Sichuan	111.0	22.3	8.3					2.0	6.3	
陕 西	Shaanxi	5548.0	2014.3	204.9	22.3		70.6	18.1	8.6	71.4	13.9
甘 肃	Gansu	6828.3	2443.7	393.9	63.1	0.1	130.7	15.3	77.8	56.8	50.1
青 海	Qinghai	1214.9	517.2	114.0	6.9		4.2	0.1	0.2	28.1	74.5
宁 夏	Ningxia	2471.5	794.0	88.4	13.2		25.8	6.8	7.3	33.8	1.5
淮河区	**Huaihe River**	**6466.3**	**2793.1**	**189.6**	**35.7**		**47.5**	**17.1**	**1.8**	**61.7**	**25.8**
江 苏	Jiangsu	500.8	158.6	6.3	0.3		2.4	0.7	0.3	0.05	2.6
安 徽	Anhui	558.2	182.6	19.6	0.3		0.4	0.1		16.9	1.8
山 东	Shandong	3667.7	1467.9	126.9	32.9		28.6	13.6	1.5	29.7	20.7
河 南	Henan	1739.6	984.1	36.7	2.2		16.1	2.7	0.04	15.1	0.6

5-5 续表 continued

地区	Region	水土流失治理面积 Recovered Area	#小流域治理面积 Recovered Area of Small Watershed	水土流失治理面积新增合计 Total Newly-increased Recovered Area	基本农田 Prime Farmland 水平梯田 Leveled Terraced Field	坝地 Gully Dammed Field	水保林 Water Conservation Forest	经济林 Economic Forest	种草 Planted Grassland	封禁治理 Blockading Administration	其他 Others
长江区	**Yangtze River**	**47390.7**	**17774.1**	**1711.1**	**134.9**	**0.2**	**272.5**	**276.1**	**86.4**	**688.5**	**252.4**
上　海	Shanghai										
江　苏	Jiangsu	449.9	187.8	4.0	0.1		0.3	1.5	0.4		1.7
浙　江	Zhejiang	184.0	47.6	5.6	0.04		0.4	1.7		2.7	0.9
安　徽	Anhui	1558.9	668.4	60.3	0.5		6.6	0.2		45.4	7.5
江　西	Jiangxi	6195.9	1503.4	126.7	0.1		24.8	12.3	0.7	87.1	1.7
河　南	Henan	753.6	518.4	23.1	1.6		6.6	1.1	0.03	10.8	2.9
湖　北	Hubei	6396.0	1993.7	143.5	6.2		28.1	13.1	2.9	80.8	12.4
湖　南	Hunan	4006.8	1075.0	163.9	8.4		35.9	25.1	0.6	90.9	3.0
广　西	Guangxi	117.5	66.2	6.5						6.5	
重　庆	Chongqing	3856.0	1764.8	133.5	5.6		16.5	24.7	1.6	37.8	47.4
四　川	Sichuan	10863.6	4961.2	502.7	75.2	0.2	57.8	83.2	58.6	122.2	105.4
贵　州	Guizhou	5079.2	2412.7	178.7	5.2		21.7	61.2	7.8	73.1	9.7
云　南	Yunnan	3902.3	1143.5	160.3	10.5		21.6	36.0	6.8	59.4	26.0
陕　西	Shaanxi	2615.7	1145.5	101.3	10.3		21.4	11.1		48.7	9.7
甘　肃	Gansu	1302.3	274.2	83.8	11.0		30.5	4.9	6.9	20.9	9.6
青　海	Qinghai	108.9	11.7	17.1			0.1			2.5	14.5
东南诸河区	**Southeast Rivers**	**7547.4**	**1399.5**	**201.7**	**7.0**	**0.1**	**33.4**	**15.1**	**2.6**	**125.9**	**17.6**
浙　江	Zhejiang	3475.7	575.1	42.7	2.5	0.1	5.8	4.5	0.7	21.2	8.0
安　徽	Anhui	39.9	3.7	1.2			0.02			1.15	0.04
福　建	Fujian	4031.8	820.8	157.7	4.5		27.6	10.6	1.8	103.6	9.6
珠江区	**Pearl River**	**9387.3**	**2103.6**	**483.4**	**11.2**		**82.9**	**124.3**	**7.8**	**202.8**	**54.4**
湖　南	Hunan	56.4	4.1	6.9	0.4		1.5		1.6		3.4
广　东	Guangdong	1953.7	196.4	95.6	0.7		33.5	10.6	1.2	44.7	4.8
广　西	Guangxi	2930.5	664.6	196.4	2.9		25.8	68.6	0.6	85.5	13.1
海　南	Hainan	139.3	83.1	12.8	0.2		0.3	4.4	0.01	2.7	5.2
贵　州	Guizhou	2497.8	893.6	80.2	0.6		6.8	20.9	0.5	39.6	11.9
云　南	Yunnan	1809.5	261.8	91.5	6.4		15.1	19.8	3.8	26.9	19.4
西南诸河区	**Southwest Rivers**	**5543.1**	**982.2**	**361.9**	**30.3**	**0.4**	**47.0**	**63.5**	**23.9**	**130.3**	**66.5**
云　南	Yunnan	4831.2	830.8	272.5	30.3	0.4	31.7	63.5	13.0	80.5	53.3
西　藏	Tibet	711.9	151.4	89.4	0.004		15.4	0.1	10.9	49.8	13.2
青　海	Qinghai										
西北诸河区	**Northwest Rivers**	**6902.0**	**971.5**	**658.4**			**116.9**	**14.8**	**58.1**	**241.4**	**227.2**
内蒙古	Inner Mongolia	2446.4	619.3	147.9			22.7	2.6	1.1	104.5	17.1
甘　肃	Gansu	1969.4	43.9	243.3			31.7	4.3	25.8	80.4	101.2
青　海	Qinghai	283.9	21.6	72.9						1.6	71.3
新　疆	Xinjiang	2202.3	286.7	194.2			62.5	7.9	31.3	54.9	37.6

5-6 历年开发建设项目水土保持方案

Number of Soil and Water Conservation Plan in Development and Construction Project by Year

年份 Year	水土保持方案审批数量 /项 Approved Soil and Water Conservation Plan /unit	水土保持方案总投资 /万元 Total Investment of Soil and Water Conservation Plan /10^4 yuan	减少新增人为水土流失面积 /千公顷 Reduction of Newly-increased Human-induced Eroded Area /10^3 ha	减少土壤流失量 /万吨 Reduction of Soil Loss /10^4 t	水土保持设施验收数量 /个 Accepted Soil Conservation Facilities /unit
2006	26783	2882328	784	192992	5023
2007	21720	3518973	899	121317	4332
2008①	27389	3505679	789	117368	5648
2009①	22194	5645749	1609		
2010	24832	10102652	1304	113742	5205
2011	26296	14948872	1103		4842
2012	27858	14290605	1409	16438	5568
2013	30506	16280210	1250		6432
2014	30319		928		5646
2015	28809	14900062	3455	1816583	5739
2016	29157		1159		6744
2017	32257		1099		7632
2018	37866		1059		8995
2019	55923		2078		13627
2020	85781		2712		22205

① 2008 年、2009 年数据未统计上海地区。
① The data of Shanghai is not included in 2008 and 2009.

5-7 2020年全国生产建设项目水土保持方案（按地区分）

Number of Soil and Water Conservation Plan in Development and Construction Project in 2020 (by Region)

地区 Region		水土保持方案 审批数量 /个 Approved Soil and Water Conservation Plan /unit	减少新增人为 水土流失面积 /公顷 Reduction of Newly-increased Human-induced Eroded Area /ha	水土保持设施 验收报备数量 /个 Accepted Soil Conservation Facilities /unit
合　计	Total	85781	2711568	22205
水利部	Ministry of Water Resources of People's Republic of China	63	66830	110
北　京	Beijing	874	22150	737
天　津	Tianjin	1097	17810	233
河　北	Hebei	2426	87371	687
山　西	Shanxi	1855	37345	395
内蒙古	Inner Mongolia	1708	42200	722
辽　宁	Liaoning	750	12956	270
吉　林	Jilin	1218	26791	140
黑龙江	Heilongjiang	610	16900	88
上　海	Shanghai	1208	6547	39
江　苏	Jiangsu	3607	42658	248
浙　江	Zhejiang	4019	608936	1554
安　徽	Anhui	4634	203908	408
福　建	Fujian	2569	33126	599
江　西	Jiangxi	3877	51647	698
山　东	Shandong	9200	82500	1680
河　南	Henan	2602	178269	209
湖　北	Hubei	2575	155953	410
湖　南	Hunan	3477	42442	474
广　东	Guangdong	5649	77284	2160
广　西	Guangxi	3503	32283	583
海　南	Hainan	975	31556	280
重　庆	Chongqing	2254	37800	1031
四　川	Sichuan	7778	247434	2729
贵　州	Guizhou	4768	59991	1474
云　南	Yunnan	3844	103572	2516
西　藏	Tibet	1066	24269	144
陕　西	Shaanxi	1515	39653	308
甘　肃	Gansu	2131	61517	548
青　海	Qinghai	848	12938	120
宁　夏	Ningxia	800	155178	210
新　疆	Xinjiang	2281	91754	401

主要统计指标解释

水土流失　指在水力、风力、重力及冻融等自然营力和人类活动作用下，水土资源和土地生产力的破坏和损失。土壤侵蚀强度为轻度和轻度以上的土地面积称水土流失面积。

水土流失治理面积（又称水土保持面积）　指在山丘地区水土流失面积上，按照综合治理的原则，采取各种治理措施，如水平梯土（田）、淤地坝、谷坊、造林种草、封山育林育草等治理的水土流失面积总和。

水平梯田　指在坡地上沿等高线修建的、断面呈阶梯状的田块。（注：在我国南方，旱作梯田称梯地或梯土，种植水稻的称梯田。）

坝地　在沟道拦蓄工程上游因泥沙淤积形成的地面较平整的可耕作土地。

水保林　以防治水土流失为主要功能的人工林和天然林。根据其功能的不同，可分为坡面防护林、沟头防护林、沟底防护林、塄边防护林、护岸林、水库防护林、防风固沙林、海岸防护林等。

种草　在水土流失地区，为蓄水保土，改良土壤，发展畜牧，美化环境，促进畜牧业发展而进行的草本植物培育活动。

小流域治理面积　指以小流域为单元，根据流域内的自然条件，按照土壤侵蚀类型的特点和农业区划方向，在全面规划的基础上，合理安排农、林、牧、副各业用地，布置水土保持农业技术措施，林草措施与工程措施，相互协调、相互促进形成综合的水土流失防治体系。凡列入县级以上治理规划，并进行重点治理的，流域面积大于 5 平方千米小于 50 平方千米的小流域治理面积均进行统计。

Explanatory Notes of Main Statistical Indicators

Soil erosion Damage or losses to water and land resources and its productivity under the action of natural force and human activities, such as hydraulic, wind, gravity and freeze thawing factors. The area of soil erosion refers to the land suffers from slight soil erosion intensity or above.

Recovered area from soil erosion (also named soil and water conservation area) Total area recovered from erosion in mountainous or hilly areas, with comprehensive control measures, including terraced fields, silt retention dam, check dam, reforestation, grass plantation, ban of wood cutting and grazing, under the principle of integrated management.

Leveled Terraced field Cultivated land with a cascade section built along the contour lines on slope land. (Note: In southern part of China, dry terraces are called land terraces or earth terraces, and paddy terraces are called terraced fields.)

Gully dammed field Relatively leveled cultivated land created by upstream silt arrested by silt retention dam in the gully.

Water conservation forest It refers to artificial and nature forests mainly for control of soil and water loss. According to its functions, it is grouped into protection forests for slope, gully head, gully bottom, plateau edge, bank, reservoir, wind and sand and sea coast.

Planted grassland Activities of planting and cultivating grass in eroded area, for the purposes of conserving soil and water, soil improvement, pasture development, environment beatification and conservation in animal husbandry.

Improved area of small watershed It refers to the area covered by a comprehensive erosion control system that integrates agricultural technology, forest-grass and structural measures, and makes an appropriate arrangement of land use for agricultural, forestry, husbandry and agricultural by-product production, by taking small watershed as an unit and based on natural condition, type and feature of soil erosion, agricultural zoning, under the guidance of overall planning. If a watershed is in the list of management plan at and above the county level as major project, all of the area larger than 5 km^2 and smaller than 50 km^2 should be included in the statistics.

6 水利建设投资

Investments in Water Project Construction

简 要 说 明

水利建设投资统计资料主要包括水利固定资产投资、项目、完成、工程量情况以及工程能力和效益等。

本部分资料主要按地区分组。历史资料汇总1950年至今的数据。以前年度数据可查阅《中国水利统计年鉴2011》。

由于水利建设投资统计报表制度调整，2016年地方政府分来源统计数据有变化。

Brief Introduction

Statistical data of investments in water project construction mainly includes investment of fixed assets, number of projects, completion of investment, completed civil works, capacity and benefits of projects etc.

The data is divided into groups based on river basin and region. Historical data is collected from 1950 until present. You can refer *China Water Statistical Year book 2011*.

Due to adjustment of statistical system for investment in water project construction, the sources of data of local government funding for water project construction of 2016 were also adjusted accordingly.

6-1 主 要 指 标
Key Indicators

单位：亿元

unit: 10^8 yuan

指标名称	Item	2005	2006	2007	2008	2009
中央水利建设计划投资	Investment Plan of Central Government in Water Projects	271.6	298.7	308.8	625.4	637.0
水利建设投资完成额	Completed Investment for Water Project Construction	746.8	793.8	944.9	1088.2	1894.0
按投资来源分：	Divided by Sources:					
（1）国家预算内拨款	National Budget Allocation	133.1	193.2	270.0	390.4	
（2）国家预算内专项	Special Funds from National Budget	179.4	184.7	195.7	160.5	
（3）国内贷款	Domestic Loan	94.2	80.7	83.4	96.9	
（4）利用外资	Foreign Investment	19.3	14.3	9.5	10.5	
（5）自筹资金	Self-Raising Funds	242.2	212.3	219.9	235.4	
（6）水利建设基金	Water Project Construction Funds	30.3	36.1	67.8	60.5	
（7）其他投资	Other Investment	48.5	72.5	98.6	134.1	
按投资用途分：	Based on Investment Purposes:					
（1）防洪工程	Flood Control Projects	292.8	288.1	318.5	370.0	674.8
（2）水资源工程	Water Resources Projects	223.1	317.7	405.1	467.8	866.0
（3）水土保持及生态建设	Soil and Water Conservation and Ecological Restoration Projects	39.2	42.2	60.3	76.9	86.7
（4）水电工程	Hydropower Development	65.5	57.3	66.5	77.4	72.0
（5）行业能力建设	Capacity Building	32.7	20.2	8.9	10.6	
（6）其他	Others	93.6	68.3	85.6	85.5	

注　1. 从 2003 年开始，中央水利建设计划投资包括南水北调当年投资。

　　2. 2007 年中央水利建设计划投资不包括当年中央财政转移支付地方水利专项资金 32 亿元和小型农田水利建设中央财政专项补助资金 10 亿元。

　　3. 2008 年中央水利建设计划投资不包括当年小型农田水利建设中央财政专项补助资金 30 亿元。

Notes　1. Investment plans of central government for water project construction since 2003 include those for South-North Water Diversion Project.

　　2. In 2007, investment plans of central government for water project construction exclude 3.2 billion yuan of Central Government funds transferred to special funds of local governments and 1 billion yuan of special funds to small on-farm irrigation and drainage works from the Central Government Finance.

　　3. In 2008, investment plans of central government for water project construction exclude 3 billion yuan of special funds to small on-farm irrigation and drainage works from the Central Government Finance.

6-1 续表 continued

指标名称	Item	2010	2011	2012	2013	2014	2015	2016	2017	2018	2019	2020
中央水利建设计划投资	Investment Plan of Central Government for Water Projects	984.1	1140.7	1623.0	1408.3	1627.1	1685.2	1415.9	1558.6	1554.6	1466.1	1456.2
水利建设投资完成额	Completed Investment for Water Project Construction	2319.9	3086.0	3964.2	3757.6	4083.1	5452.2	6099.6	7132.4	6602.6	6711.7	8181.7
按投资来源分:	Divided by Sources:											
（1）中央政府投资	Central Government	960.5	1435.4	2033.2	1729.8	1648.5	2231.2	1679.2	1757.1	1752.7	1751.1	1786.9
（2）地方政府投资	Local Government	918.8	1223.7	1464.5	1542.0	1862.5	2554.6	2898.2	3578.2	3259.4	3487.9	4847.8
（3）国内贷款	Domestic Loan	337.4	270.3	265.6	172.7	299.6	338.6	879.6	925.8	735.9	636.3	614.0
（4）利用外资	Foreign Investment	1.3	4.4	4.1	8.6	4.3	7.6	7.0	8.0	4.9	5.7	10.7
（5）企业和私人投资	Company and Private Investment	48.0	74.9	113.4	160.7	89.9	187.9	424.7	600.8	565.1	588.0	690.4
（6）债券	Bonds	2.5	3.9	5.2	1.7	1.7	0.4	3.8	26.5	41.6	10.0	87.2
（7）其他投资	Others	51.4	73.4	78.3	142.1	176.5	131.7	207.1	235.9	242.9	232.8	144.8
按投资用途分:	Divided by Investment Purposes:											
（1）防洪工程	Flood Control	684.6	1018.3	1426.0	1335.8	1522.6	1930.3	2077.0	2438.9	2175.4	2091.3	2801.8
（2）水资源工程	Water Resources	1070.5	1284.1	1911.6	1733.1	1852.2	2708.3	2585.2	2704.9	2550.0	2646.8	3076.7
（3）水土保持及生态建设	Soil and Water Conservation and Ecological Restoration	85.9	95.4	118.1	102.9	141.3	192.9	403.7	682.6	741.5	913.4	1220.9
（4）水电工程	Hydropower Development	105.4	109.0	117.2	164.4	216.9	152.1	166.6	145.8	121.0	106.7	92.4
（5）行业能力建设	Capacity Building	19.6	40.2	59.6	52.5	40.9	29.2	56.9	31.5	47.0	63.4	85.2
（6）前期工作	Early-stage Work	24.9	42.0	40.7	40.7	65.1	101.9	174.0	181.2	132.0	132.7	157.3
（7）其他	Others		329.0	496.9	291.1	328.2	244.2	337.5	636.2	947.5	757.4	747.3

6-2　历年水利建设施工和投产项目个数

Number of Water Projects Under-construction and Put-into-operation by Year

单位：个

unit: unit

年份 Year	施工项目 Under-construction	#新开工项目 Newly-started Project	部分投产项目 Partially Put-into-operation	全部投产项目 Fully Put-into-operation
1992	2253	978		684
1993	2268	963		694
1994	2300	931		678
1995	2286	931		571
1996	2146	920		635
1997	2320	1091		753
1998	2932	1699		696
1999	2632	1033		722
2000	3456	1901		1106
2001	3344	1792	397	825
2002	4203	2171	827	1103
2003	5196	2834	1305	1376
2004	4307	1816	1313	1249
2005	4855	2095	1709	1407
2006	4614	2158	1596	1422
2007	4852	2203	1428	1584
2008	7529	4418	1380	2683
2009	10715	5992	1025	5499
2010	10704	5811	979	6346
2011	14623	10281	715	7968
2012	20501	13364	708	10282
2013	20266	12199		9016
2014	21630	13518		9612
2015	25184	16702		13816
2016	26331	18410		14781
2017	26698	19724		14615
2018	27930	19786		15713
2019	28742	20779		16268
2020	30005	22532		18772

注　1.1991—2000 年以及 2013—2020 年未细分当年部分投产与全部投产，均为"全部投产项目"。

　2.本表只包括当年正式施工的水利工程设施项目和机构能力建设项目，不包括建设投资计划安排的水利前期、规划及专题研究等项目。

Notes　1. The number of projects putting into operation is used for the data of 1991-2000 and 2013-2020, which is not separated into groups of partially-operated and fully-operated.

　2. This table only includes water project under construction and capacity building, excluding projects conducted in the early stage such as feasibility studies, planning and special-subject studies.

6-3　2020 年水利建设施工和投产项目个数（按地区分）

Number of Water Projects Under-construction and
Put-into-operation in 2020 (by Region)

单位：个

地区	Region	施工项目 Under-construction	#新开工项目 Newly-started Project	全部投产项目 Fully Put-into-operation
合　计	**Total**	**30005**	**22532**	**18772**
北　京	Beijing	130	43	25
天　津	Tianjin	79	46	54
河　北	Hebei	1126	972	962
山　西	Shanxi	964	792	735
内蒙古	Inner Mongolia	848	551	583
辽　宁	Liaoning	620	504	449
吉　林	Jilin	462	326	276
黑龙江	Heilongjiang	568	542	423
上　海	Shanghai	859	374	142
江　苏	Jiangsu	1002	708	677
浙　江	Zhejiang	1296	745	457
安　徽	Anhui	1048	708	441
福　建	Fujian	1241	870	578
江　西	Jiangxi	1755	1661	1475
山　东	Shandong	975	740	820
河　南	Henan	945	831	791
湖　北	Hubei	607	534	508
湖　南	Hunan	1365	1297	839
广　东	Guangdong	3025	1940	1214
广　西	Guangxi	1106	872	790
海　南	Hainan	265	174	115
重　庆	Chongqing	840	567	523
四　川	Sichuan	1479	1113	953
贵　州	Guizhou	1222	895	717
云　南	Yunnan	1534	1053	847
西　藏	Tibet	541	481	451
陕　西	Shaanxi	1552	1127	965
甘　肃	Gansu	927	732	775
青　海	Qinghai	570	444	446
宁　夏	Ningxia	277	253	154
新　疆	Xinjiang	777	637	587

注　本表只包括当年正式施工的水利工程设施项目和机构能力建设项目，不包括建设投资计划安排的水利前期、规划及专题研究等项目。

Note　This table only includes water projects under construction and capacity building, excluding work conducted in the early stage of the project such as feasibility studies, planning and special-subject studies.

6-4 历年水利建设投资规模和进展

Investment and Progress of Water Project Construction by Year

单位：万元   unit: 10^4 yuan

年份 Year	在建项目实际 需要总投资 Total Needed Investment of Projects Under-construction	累计完成 投资 Accumulation of Completed Investment	累计新增 固定资产 Accumulation of Newly-increased Fixed Assets	#当年新增 Newly- increased of the Present Year	未完工程累计 完成投资 Completed Investment of Uncompleted Project
2004	57472646	33787604	22889594	4788389	10897896
2005	59155516	31451336	20427098	5741035	11016751
2006	61205439	32795254	22999308	5414850	9794480
2007	57498856	33186759	22947692	7255913	10236968
2008	66787193	38436646	25225183	8451275	13211463
2009	78208336	46208244	31295254	15546720	14912990
2010	99662055	56693583	38715221	18497877	17978362
2011	117692905	68877470	42433768	19512353	
2012	137031324	89059580	57753110	27566037	
2013	153460025	101423176	55770917	27804200	
2014	199517592	119504637	70210221	33433685	
2015	225806790	145906522	89799183	43734768	
2016	235892045	141743152	91157375	40466678	
2017	280672156	160775624	89253271	41874677	
2018	265638808	167458755	94591932	36108059	
2019	281668864	176494143	99876024	34738432	
2020	317243894	193246066	95383627	44017878	

注 本表只包括当年正式施工的水利工程设施项目和机构能力项目。

Note The data only includes projects of water infrastructures and capacity building formally initiated in the present year.

6-5 2020年水利建设投资规模和进展（按地区分）

Investment and Progress of Water Project Construction in 2020
(by Region)

单位：万元   unit: 10⁴ yuan

地区	Region	在建项目实际需要总投资 Total Needed Investment of Project under Construction	累计完成投资 Accumulation of Completed Investment	累计新增固定资产 Accumulation of Newly-increased Fixed Assets	#当年新增 Newly-increased of the Present Year
合　计	**Total**	**317243894**	**193246066**	**95383627**	**44017878**
北　京	Beijing	9031075	4229877	1053922	310240
天　津	Tianjin	1237914	831377	593150	589097
河　北	Hebei	9993973	4272400	1676790	1071868
山　西	Shanxi	6121795	4408300	2672197	813649
内蒙古	Inner Mongolia	7289172	4584958	1193887	546006
辽　宁	Liaoning	6180611	5103409	4339287	607963
吉　林	Jilin	3679299	3087624	492339	341159
黑龙江	Heilongjiang	2326454	1796247	576180	329715
上　海	Shanghai	10754204	6747804	1926024	595121
江　苏	Jiangsu	15203638	8133483	4814481	2568844
浙　江	Zhejiang	25554320	19078547	9115439	3103988
安　徽	Anhui	12938718	11390107	5297630	2733332
福　建	Fujian	17871192	8091618	3850776	1837237
江　西	Jiangxi	3351522	2618540	734234	570390
山　东	Shandong	14537209	12190567	4767284	3609021
河　南	Henan	12461074	8650252	5471195	3107039
湖　北	Hubei	7101552	5817317	1624168	1206336
湖　南	Hunan	3583936	3243757	2036492	1482288
广　东	Guangdong	42693944	16399770	4517080	2012836
广　西	Guangxi	7647152	4496170	2489083	2197757
海　南	Hainan	2635613	1422786	500485	415093
重　庆	Chongqing	9172622	4940248	4158475	1520681
四　川	Sichuan	11331256	6600899	3753521	1766331
贵　州	Guizhou	11454272	8678238	5052642	1981457
云　南	Yunnan	21249728	10582832	4435719	1504244
西　藏	Tibet	1602361	1145603	403878	199037
陕　西	Shaanxi	13811175	8656699	4893441	2324542
甘　肃	Gansu	5146593	3441258	1985534	1063265
青　海	Qinghai	2592005	1711727	1350771	277394
宁　夏	Ningxia	1780559	942301	830146	506166
新　疆	Xinjiang	16908953	9951352	8777375	2825786

注　本表只包括当年正式施工的水利工程设施项目和机构能力项目。

Note　The data only includes projects of water infrastructures and capacity building formally initiated in the present year.

6-6　历年水利建设投资完成额

Completed Investment for Water Project Construction by Year

单位：万元　　　　　　　　　　　　　　　　　　　　　　　　　　　　　　　　unit: 10^4 yuan

年份 Year	完成投资合计 Total Completed Investment	中央投资 Central Government Investment	其他投资 Others
1958	213266		
1959	245190		
1960	333941		
1961	96041		
1962	77990		
1963	86760		
1964	100800		
1965	101600		
1966	161400		
1967	145800		
1968	88100		
1969	135700		
1970	170400		
1971	210000		
1972	227900		
1973	240900		
1974	236700		
1975	260600		
1976	291400		
1977	286600		
1978	353300		
1979	370400		
1980	270700		
1981	135700		
1982	174737		
1983	211296		
1984	206828		
1985	201580		
1986	228702		
1987	271012		
1988	306454		
1989	355508		
1990	487203		
1991	648677		
1992	971670		
1993	1249260		
1994	1687353		
1995	2063156		
1996	2385240		
1997	3154061		
1998	4676865		
1999	4991476		
2000	6129331	2954199	3175132
2001	5607065	2757822	2849243
2002	8192153	4149894	4042259
2003	7434176	3124746	4309430
2004	7835450	2925784	4909666
2005	7468483	2547065	4921418
2006	7938444	2987571	4950873
2007	9448538	3550444	5898094
2008	10882012	4169558	6712455
2009	18940321	8453697	10486624
2010	23199265	9604835	13594430
2011	30860284	14353990	16506294
2012	39642358	20332106	19310252
2013	37576331	17298370	20277960
2014	40831354	16485110	24346244
2015	54522165	22312410	32209755
2016	60995861	16790762	44205099
2017	71323681	17571183	53752498
2018	66025726	17527438	48498378
2019	67117376	17511092	49606284
2020	81816711	17868781	63947930

6-7　历年水利建设到位投资

Allocated Investment for Water Project Construction by Year

单位：万元   unit: 10⁴ yuan

年份 Year	计划 投资 Planned Investment	到位投资 合计 Total Allocated Investment	中央投资 Central Government Investment	其他投资 Others
2000	6109753	5415598	2770183	2645415
2001	8158739	5820373	3063614	2756759
2002	7873236	6985271	3552762	3432509
2003	8137149	6794217	2926763	3867454
2004	7902719	6393526	2315087	4078439
2005	8273650	7122425	2439757	4682668
2006	9327119	8404460	3428579	4975881
2007	10264653	9208767	3403233	5805533
2008	16040746	14184747	6497568	7687178
2009	17026927	17243218	6560403	10682815
2010	27075729	25800210	13639088	12161123
2011	33481528	32243193	15535845	16707349
2012	40876505	39956593	21100811	18855782
2013	39539765	38210322	17658910	20551412
2014	43450623	43114345	18049685	25064660
2015	48263718	47401460	18632804	28768656
2016	62214867	60576270	16777604	43798666
2017	71882059	70151774	17794492	52357282
2018	65980210	63938343	17529155	464091
2019	69892344	68753565	17335333	51418232
2020	83294506	80437076	18130461	47357197

6-8 2020年水利建设到位投资和投资完成额（按地区分）

Allocated and Completed Investment of Water Project Construction in 2020 (by Region)

单位：万元   unit: 10^4 yuan

地区 Region		计划投资 Planned Investment	到位投资 合计 Total Allocated Investment	#中央投资 Central Government Investment	地方投资 Local Government Investment	完成投资 合计 Total Completed Investment	#中央投资 Central Government Investment	地方投资 Local Government Investment
合　计	Total	83294506	80437076	18130461	47357197	81816711	17868781	48478334
北　京	Beijing	511759	504637	70250	328058	573606	69553	387344
天　津	Tianjin	590416	465930	51090	338057	642701	57143	409408
河　北	Hebei	3814236	3383483	1442602	1340194	3371942	1467719	1341038
山　西	Shanxi	1340916	1360878	373120	628495	1279289	395244	564905
内蒙古	Inner Mongolia	1009387	904421	357815	488524	915900	353483	482892
辽　宁	Liaoning	1007958	901459	291686	519473	838853	281014	480707
吉　林	Jilin	1271526	1141910	470842	460335	966076	373845	493002
黑龙江	Heilongjiang	988352	874890	506109	287617	878418	465912	317069
上　海	Shanghai	1882966	1785264	11232	1774032	2328081	11101	2316979
江　苏	Jiangsu	3962241	4038637	380507	3230140	3984430	428608	3128237
浙　江	Zhejiang	5524895	5686324	89078	3672259	6027454	94794	3784141
安　徽	Anhui	5407358	5407358	1135897	3719331	4988593	1137264	3307598
福　建	Fujian	4101593	4085888	336816	2606711	4079468	317918	2588647
江　西	Jiangxi	2821766	2786610	636172	1741332	2379095	555938	1404108
山　东	Shandong	6993430	6319097	620112	4838823	7785402	622797	6307451
河　南	Henan	5337871	5343685	1011866	2256667	5387695	1021413	2143853
湖　北	Hubei	3259695	3049539	724076	2128135	3079359	710175	2163578
湖　南	Hunan	2682748	2608590	851010	1498193	2441712	841191	1342980
广　东	Guangdong	6006138	6006138	529547	4395495	5707392	561970	4330611
广　西	Guangxi	1653907	1761863	675522	797100	1660252	668171	763173
海　南	Hainan	434186	625311	332052	288751	612015	337310	270197
重　庆	Chongqing	1987288	2009261	759799	854569	1875948	745319	707972
四　川	Sichuan	2652138	2655138	893992	1436665	2777924	961904	1436748
贵　州	Guizhou	3451841	3370414	487132	1886445	3443068	500224	1949746
云　南	Yunnan	4752720	3958951	1337275	1993822	4149419	1158007	2180932
西　藏	Tibet	368028	401661	360697	40964	377251	329343	46853
陕　西	Shaanxi	3271894	3260743	939165	1307738	3218365	936713	1269596
甘　肃	Gansu	1535274	1436201	442770	863172	1602423	406856	899877
青　海	Qinghai	514424	495096	258018	222714	488275	255721	209001
宁　夏	Ningxia	734226	633607	243352	251981	634181	232783	261015
新　疆	Xinjiang	3423330	3174094	1510859	1161406	3322125	1569347	1188676

注　本年投资来源中只单列中央和地方政府投资，利用外资、企业和私人投资以及贷款等投资包含在合计项目中。

Note　Only central and local government investment are listed separately in the sources of the investment in the present year and the investments of foreign capital, enterprises, private sector and bank loans are included in the total.

6-9 历年中央水利建设计划投资

Investment Plan of Central Government for Water Projects by Year

单位：万元   unit: 10⁴ yuan

年份 Year	中央投资合计								地方配套
	合计 Total	国家预算内拨款 National Budget Allocation	国家预算内专项资金 Special Funds from National Budget	银行贷款 Bank Loan	水利建设基金 Water Project Construction Funds	利用外资 Foreign Investment	自筹资金 Self-raising Funds	财政专项 Financial Special Funds	Local Counterpart Funds
1991	655166								
1992	1028934								
1993	1376411								
1994	1886707								
1995	2231891								
1996	2688028	1055600	439600		335000		185000	500	95500	1632428
1997	3384137	1368861	627800		345775	219590	166000	9696		2015276
1998	7101177	3623900	802700	2177900	326900	140000	156400	20000		3477277
1999	7035634	3376228	593800	2334410	105658	180000	149000	13360		3659406
2000	6109753	2641132	573750	1776382	15000	180000	66000	30000		3468621
2001	5731680	3799585	542912	2991024		180000	85649			1932095
2002	5731139	3210070	723500	2235070		140000	111500			2521069
2003	6562394	3272983	802500	2311472		110000	49011			3289411
2004	5239960	2788097	687420	1982876		110000	7801			2451863
2005	4955283	2715788	721895	1883644		110000	249			2239495
2006	6254734	2987103	1587945	1294158		105000				3267631
2007	6326569	3088220	1386312	1578908		120000	3000			3238349
2008	11772273	6254207	5494207			120000			640000	5518066
2009	10674744	6370307	4800307			120000			1450000	4304437
2010	18868884	9840567	7010567			150000			2680000	9028317
2011	20518583	11407487	6540567			280000			4586920	9111096
2012	24693914	16229994	8910567			275000			7044427	8463920
2013	20872164	14083113	7170764			222700			6689649	6789051
2014	24262307	16271456	7671817			61950			8385689	7990851
2015	23814269	16852176	8171117			220000			8461059	6962093
2016	20025747	14158877	8159138						5999739	5866870
2017	23603959	15585510	8935510						6650000	8018449
2018	23360456	15545932	8795932						6750000	7814524
2019	22230249	14660900	9118600						5542300	7569349
2020	25179537	14561901	8919601						5642300	10617636

注　1. 从 2003 年开始，中央水利建设计划投资包括南水北调当年投资。

　　2. 2007 年中央水利建设计划投资不包括当年中央财政转移支付地方水利专项资金 32 亿元。

　　3. 2008 年中央水利建设计划投资不包括当年小型农田水利建设中央财政专项补助资金 30 亿元。

Notes　1. Investment plans of central government for water project construction since 2003 include those for South-North Water Diversion Project.

　　2. In 2007, investment plans of central government for water project construction exclude 3.2 billion yuan of Central Government funds transferred to special funds of local governments.

　　3. In 2008, investment plans of central government for water project construction exclude 3 billion yuan of special funds to small on-farm irrigation and drainage works from the Central Government Finance.

6-10 2020 年中央水利建设计划投资（按地区分）

Investment Plan of Central Government for Water Projects in 2020 (by Region)

单位：万元　　　　　　　　　　　　　　　　　　　　　　　　　　　　　　　unit: 10⁴ yuan

地区	Region	合计 Total	中央投资合计 Total Investment of Central Government	国家预算内拨款 National Budget Allocation	财政专项 Financial Special Funds	地方配套 Local Counterpart Funds
合　计	**Total**	25179537	14561901	8919601	5642300	10617636
北　京	Beijing	9863	9863	2321	7542	
天　津	Tianjin	31619	28469	11350	17119	3150
河　北	Hebei	2176228	1324435	852267	472168	851793
山　西	Shanxi	346752	314697	108337	206360	32055
内蒙古	Inner Mongolia	436217	299031	186988	112043	137186
辽　宁	Liaoning	426313	285749	185885	99864	140564
吉　林	Jilin	550719	335869	210976	124893	214850
黑龙江	Heilongjiang	594510	410856	224358	186498	183654
上　海	Shanghai	5342	5342		5342	
江　苏	Jiangsu	659985	245136	129562	115574	414849
浙　江	Zhejiang	121867	90108	10137	79971	31759
安　徽	Anhui	1869728	1033849	761892	271957	835879
福　建	Fujian	739183	318488	134105	184383	420695
江　西	Jiangxi	586098	421055	152103	268952	165043
山　东	Shandong	756665	409084	210798	198286	347581
河　南	Henan	1626829	861554	578445	283109	765275
湖　北	Hubei	921333	615920	280816	335104	305413
湖　南	Hunan	1140999	690218	367851	322367	450781
广　东	Guangdong	597250	287097	177329	109768	310153
广　西	Guangxi	931360	585622	377784	207838	345738
海　南	Hainan	352034	265037	212988	52049	86997
重　庆	Chongqing	766830	438604	226323	212281	328226
四　川	Sichuan	1410350	864202	511590	352612	546148
贵　州	Guizhou	1348656	503226	294077	209149	845430
云　南	Yunnan	2341752	1036705	721079	315626	1305047
西　藏	Tibet	244737	244737	151890	92847	
陕　西	Shaanxi	801332	546553	338759	207794	254779
甘　肃	Gansu	431798	297373	128024	169349	134425
青　海	Qinghai	302771	189831	88400	101431	112940
宁　夏	Ningxia	338574	194099	126900	67199	144475
新　疆	Xinjiang	1867395	1174037	921962	252075	693358
中央直属	Organizations Directly under the Central	444448	235055	234305	750	209393

6-11 2020年中央水利建设计划投资（按项目类型分）

Investment Plan of Central Government for Water Projects in 2020 (by Type)

单位：万元　　　　　　　　　　　　　　　　　　　　　　　　　　　　　　　unit: 10^4 yuan

工 程 类 别 / Type of Project	合计 Total	中央投资 Investment of Central Government	国家预算内拨款 National Budget Allocation	财政专项 Financial Special Fund	地方配套 Local Counterpart Funds
合 计 **Total**	**25179537**	**14561901**	**8919601**	**5642300**	**10617636**
一、中央预算内投资 **National Budget Allocation**	**19537237**	**8919601**	**906649**	**5642300**	**10617636**
（一）150 重大水利工程 **150 Major Water Projects**	**1712598**	**906649**	**906649**		**805949**
1. 防洪减灾工程 Flood control and disaster reduction	980598	458649	458649		521949
2. 水资源优化配置工程 Optimized allocation of water resources	410000	243000	243000		167000
3. 灌溉节水和供水工程 Water-saving irrigation and water supply	322000	205000	205000		117000
4. 水生态保护修复工程 Water ecological protection and restoration					
5. 智慧水利工程 Smart water					
（二）172 重大水利工程等 **172 Major Water Resources Projects**	**11647366**	**4853351**	**4853351**		**6794015**
1. 大中型灌区续建配套节水改造骨干工程 Continued construction of counterpart system for water saving of large & medium irrigation districts	932520	708088	708088		224432
2. 重大引调水工程 Major water diversion schemes	3625691	1077000	1077000		2548691
3. 重点水源工程 Main water sources	1353978	570000	570000		783978
4. 江河湖泊治理骨干工程 Key river and Lake regulation projects	3278100	1470263	1470263		1807837
5. 新建大型灌区工程 Newly-constructed large irrigation districts	1419910	490000	490000		929910
6. 其他 Others	1037167	538000	538000		499167
（三）农村饮水安全巩固提升工程 **Rural Drinking Water Safety Consolidation and Promotion Projects**	**150000**	**150000**	**150000**		**2399741**
（四）水生态治理、中小河流等其他水利工程 **Water Ecological Restoration, Small and Medium Rivers and Other Water-related Projects**	**5939471**	**2923000**	**2923000**		**3016471**
1. 主要支流治理 Main tributary governance	2516985	1318000	1318000		1198985
2. 重点区域排涝能力建设 Reinforcement of drainage system in major areas	628500	244000	244000		384500
3. 大中型病险水库（闸）除险加固 Risk removal and reinforcement of large & medium reservoirs	539155	351000	351000		188155
4. 大型灌溉泵站更新改造 Renovation of large irrigation pumping station					
5. 坡耕地水土流失治理 Soil erosion control of slope cultivated land	270576	210000	210000		60576
6. 中型水库 Medium-sized reservoirs	1689080	529924	529924		1159156
7. 农村小水电扶贫 Rural small hydropower for poverty alleviation	50000	50000	50000		
8. 地方水文基础设施建设 Local hydrological infrastructure construction	56983	35076	35076		21907
9. 其他重点工程 Others	13192	10000	10000		3192
10. 水生态修复与治理 Water ecological restoration and improvement	175000	175000	175000		
（五）行业能力建设 **Capacity Building**	**87802**	**86601**	**86601**		**1201**
1. 部属小基建等 MWR basic infrastructures construction	20802	19601	19601		1201
2. 部属水文水资源工程 MWR hydrology and water resources projects	27000	27000	27000		
3. 前期工作 Early-stage work	40000	40000	40000		
二、中央财政专项发展资金 **Special Development Funds of Central Government Finance**	**5642300**	**5642300**		**5642300**	

注　2020 年财政专项资金包含特别国债 770863 万元。

Note　In 2020, Financial Special Fund includes Special treasury bonds 7708.63 million RMB.

6-12 历年分资金来源中央政府水利建设投资完成额

Completed Investment of Central Government for Basic Water Project Construction by Financial Resources and Year

单位：万元　　　unit: 10^4 yuan

年份 Year	完成投资合计 Total Completed Investment	国家预算内拨款 National Budget Allocation	国家预算内专项资金 Special Funds from National Budget	国内贷款 Domestic Loan	债券 Bonds	水利建设基金 Water Project Construction Funds	利用外资 Foreign Investment	自筹资金 Self-raising Funds	其他 Others
2002	4149894	656938	3191917	49200	6690	112367	114273	8692	9817
2003	3124746	537661	2319549	75825	2080	116441	24625	6890	41674
2004	2925784	845984	1891397	46866		75751	38935	8831	18020
2005	2547065	659224	1769155			90406		3499	24782
2006	2987571	1160369	1728516			70474		3389	24824
2007	3550444	1694283	1737805			83395		16833	18128
2008	4169558	2499243	1326835			215404		2660	125415
2009	8453697	6651275	694317			528613		4111	575381
2010	9604835	6077624	162274			1679759		2338	1682839
2011	14353990	5865385	18996	3459382	4219353	294695		7217	488962
2012	20332106	9423985	49308	6263232	3961091	377388	1349	255754	488962

年份 Year	完成投资合计 Total Completed Investment	国家预算内拨款 National Budget Allocation	国家预算内专项资金 Special Funds from National Budget	财政专项资金 Financial Special Funds	重大水利工程建设基金 Major Water Project Construction Funds	水利建设基金 Water Project Construction Funds	自筹资金 Self-raising Funds	其他 Others
2013	17298370	7739486	18037	5043911	3992849	181873	3863	318352
2014	16485110	8120690	15802	6350347	1070910	142712		784648
2015	22312410	10547144	3698	10675623	475248	66673		544023
2016	16792314	9303026		7247845	10202	9687	7728	213827
2017	17571183	10023960		7209334	65043	3790		269055
2018	17527348	9579176		7556774	205730	5870	3552	176245
2019	17511092	10009124		6726845	26820	109964	1564	636774
2020	17868781	9610948		7848570				409263

注　2014 年开始，中央水利建设计划投资其他项中包括土地出让收益。2020 年财政专项资金包含特别国债 770863 万元。

Note　The other items under the Central Government investment plan for water project construction include land sale revenues since 2014. In 2020, Financial Special Funds include Special treasury bonds 7708.63 million RMB.

6-13 2020 年分资金来源中央政府水利建设投资完成额（按地区分）

Completed Investment of Central Government for Basic Water Project Construction by Financial Resources in 2020 (by Region)

单位：万元   unit: 10⁴yuan

地区	Region	完成投资 合计 Total Completed Investment	国家预算内 拨款 National Budget Allocation	财政专项 资金 Financial Special Funds	特别国债 Special Treasury Bonds	其他 Others
合　计	**Total**	**17868781**	**9610948**	**7077707**	**770863**	**409263**
北　京	Beijing	69553	55456	14097		
天　津	Tianjin	57143	17493	39650		
河　北	Hebei	1467719	861733	476986	129000	
山　西	Shanxi	395244	115668	278852		724
内蒙古	Inner Mongolia	353483	202427	148328	2360	368
辽　宁	Liaoning	281014	178619	102395		
吉　林	Jilin	373845	185761	124666	63418	
黑龙江	Heilongjiang	465912	198283	267629		
上　海	Shanghai	11101	6020	5081		
江　苏	Jiangsu	428608	156114	267994	4500	
浙　江	Zhejiang	94794	12567	79501		2726
安　徽	Anhui	1137264	764473	372791		
福　建	Fujian	317918	120015	189425		8478
江　西	Jiangxi	555938	151167	404771		
山　东	Shandong	622797	276259	237706	106440	2392
河　南	Henan	1021413	620456	284601		116355
湖　北	Hubei	710175	295236	414940		
湖　南	Hunan	841191	369955	328705	1800	140731
广　东	Guangdong	561970	183124	349346	29500	
广　西	Guangxi	668171	457349	210822		
海　南	Hainan	337310	219725	64085	53500	
重　庆	Chongqing	745319	232675	497989	14655	
四　川	Sichuan	961904	560389	385426		16088
贵　州	Guizhou	500224	293617	206476		131
云　南	Yunnan	1158007	601949	358508	196855	695
西　藏	Tibet	329343	237018	92154	171	
陕　西	Shaanxi	936713	633048	263832	19668	20165
甘　肃	Gansu	406856	126506	201600	39717	39034
青　海	Qinghai	255721	142235	109134	4291	60
宁　夏	Ningxia	232783	123016	102679	7088	
新　疆	Xinjiang	1569347	1212594	197538	97900	61315

6-14 历年分资金来源地方政府水利建设投资完成额

Completed Investment of Local Government Funding for Water Project Construction by Financial Resources and Year

单位：万元   unit: 10⁴ yuan

年份 Year	完成投资 合计 Total Completed Investment	国家预算内 拨款 National Budget Allocation	国家预算内 专项资金 Special Funds from National Budget	国内贷款 Domestic Loan	债券 Bonds	水利建设 基金 Water Project Construction Funds	利用外资 Foreign Investment	自筹资金 Self-raising Funds	其他 Others
2003	4309430	520660	26544	838338		178465	78795	2464967	201661
2004	4909666	412915	31012	979490		212152	83381	2954103	236614
2005	3153043	671408	24481			212292		1911277	333585
2006	3328865	771171	118653			290750		1781509	366782
2007	4323681	1005975	219184			594419		2182566	321537
2008	4988317	1404392	277876			389544		2350969	565535
2009	8088050	2648216	593286			526050		3334543	985954
2010	9188067	3102910	785587			472065		3159588	1667918

年份 Year	完成投资 合计 Total Completed Investment	国家预算内 拨款 National Budget Allocation	国家预算内 专项资金 Special Funds from National Budget	财政专项 资金 Financial Special Funds	重大水利工程 建设基金 Major Water Project Construction Funds	水利建设 基金 Water Project Construction Funds	土地出让 收益 Land Revenue	自筹资金 Self-raising Funds	其他 Others
2011	12236742	3122803	272666	2188692	158941	501415	121455	4061132	1809637
2012	14644959	3490796	204461	3778785	387799	823099	256976	3502871	2200172
2013	15420031	3628048	109293	4330599	256673	898681	207592	3602855	2386289
2014	18624883	4699739	8147	5242028	296632	1181742	294426	3398976	3503193
2015	25546426	4949487	138296	8245790	328895	1354664	448265	5731487	4349541

年份 Year	完成投资 合计 Total Completed Investment	省级 Provincial Level	地市级 Prefecture/City Level	县级 County Level
2016	28982085	11841645	6464749	10675691
2017	35781893	13777335	7760770	14243788
2018	32595632	12260908	6841351	13493373
2019	34879289	12383357	7840525	14655407
2020	48478334	15916000	11771189	20791145

注 本表的国家预算内专项资金是通过其他渠道下达的中央转贷地方国债资金。2011 年、2012 年、2013 年、2014 年、2015 年"其他"中含水资源费完成投资。

Note The special funds from national budget in this table are sourced from national bonds transferred from the Central Government to local government. The "Others" of 2011, 2012, 2013, 2014 and 2015 in the table include completed investment sourced from water resources fee.

6-15　2020年分资金来源地方政府水利建设投资完成额（按地区分）

Completed Investment of Local Government Funding for Water Project Construction by Financial Resources in 2020 (by Region)

单位：万元　　　　　　　　　　　　　　　　　　　　　　　　　　　　　　unit: 10⁴ yuan

地区 Region		完成投资 合计 Total Completed Investment	省级 Provincial Level	地市级 Prefecture/City Level	县级 County Level
合　计	Total	48478334	15916000	11771189	20791145
北　京	Beijing	387344	265358	121283	703
天　津	Tianjin	409408	158469	250939	
河　北	Hebei	1341038	190441	565043	585554
山　西	Shanxi	564905	362765	94642	107498
内蒙古	Inner Mongolia	482892	358289	66549	58054
辽　宁	Liaoning	480707	141587	151802	187318
吉　林	Jilin	493002	366631	57860	68510
黑龙江	Heilongjiang	317069	93969	4908	218192
上　海	Shanghai	2316979	1759464	531511	26004
江　苏	Jiangsu	3128237	720431	649128	1758678
浙　江	Zhejiang	3784141	753074	704421	2326646
安　徽	Anhui	3307598	551815	936461	1819322
福　建	Fujian	2588647	354198	584376	1650074
江　西	Jiangxi	1404108	337100	225603	841405
山　东	Shandong	6307451	2273708	1275389	2758354
河　南	Henan	2143853	425251	511466	1207135
湖　北	Hubei	2163578	398430	1078977	686171
湖　南	Hunan	1342980	446597	298591	597792
广　东	Guangdong	4330611	715207	1633866	1981538
广　西	Guangxi	763173	495360	101631	166182
海　南	Hainan	270197	232401	26481	11314
重　庆	Chongqing	707972	265774	25102	417096
四　川	Sichuan	1436748	281454	561314	593980
贵　州	Guizhou	1949746	1246300	168807	534639
云　南	Yunnan	2180932	1165664	272816	742452
西　藏	Tibet	46853	43169	2902	782
陕　西	Shaanxi	1269596	598106	271239	400251
甘　肃	Gansu	899877	344100	144684	411093
青　海	Qinghai	209001	140862	43948	24190
宁　夏	Ningxia	261015	203730	13657	43627
新　疆	Xinjiang	1188676	226296	395790	566590

6-16　历年分中央和地方项目水利建设投资完成额

Completed Investment for Water Project Construction Divided by Central and Local Governments and Year

单位：万元　　unit: 10⁴ yuan

年份 Year	完成投资 合计 Total Completed Investment	中央项目 完成投资 Completed Investment of Central Government Projects	#国家预算 内投资 Investment from National Budget	地方项目 完成投资 Completed Investment of Local Government Projects	#国家预算 内投资 Investment From National Budget
2002	8192153	1250858	893363	6941295	3427941
2003	7434176	964952	643859	6469224	2760555
2004	7835450	1429738	566833	6405712	692066
2005	7468483	1227628	988583	6240855	2438382
2006	7938444	1610784	650071	6327660	510299
2007	9448538	1544575	1380809	7903963	3954252
2008	10882012	1092053	845889	9789959	5267405
2009	18940321	2068697	1458349	16871624	10183409
2010	23199265	4427984	2619536	18771281	9054547
2011	30860284	5974864	4732388	24885419	15369941
2012	39642358	6654250	5474212	32988108	23285733
2013	37576331	4304507	4221775	33271824	21078994
2014	40831354	1436675	1368284	39394679	33741709
2015	54522165	1090890	855888	53431275	20912499
2016	60995861	887197	592292	60108665	
2017	71323681	1126919	896667	70196761	
2018	66025726	1165868	754726	64859858	
2019	67117376	663557		66453819	
2020	81816711	485426		81331285	

注　国家预算内投资包括预算内拨款（指财政预算内经营性或非经营性资金支出）、预算内专项资金和水利建设基金。

Note　Investment from national budget includes allocation from budget (here refers to business and non-business expenditure from national budget), special funds from budget and water project construction funds.

6-17 2020 年分中央和地方项目水利建设投资完成额（按地区分）
Completed Investment for Water Project Construction Divided by Central and Local Governments in 2020(by Region)

单位：万元　　　　　　　　　　　　　　　　　　　　　　　　　　　　　　　　　　　unit: 10⁴ yuan

地区	Region	完成投资 合计 Total Completed Investment	中央项目 完成投资 Completed Investment of Central Government Projects	中央投资 Central Government Investment	地方投资 Local Government Investment	地方项目 完成投资 Completed Investment of Local Government Projects	中央投资 Central Government Investment	地方投资 Local Government Investment
合　计	Total	81816711	485426	252232	50180	81331285	17616549	48428154
北　京	Beijing	573606	74161	50904		499445	18649	387344
天　津	Tianjin	642701	4943	4943		637758	52200	409408
河　北	Hebei	3371942	2077	671		3369866	1467048	1341038
山　西	Shanxi	1279289	619	619		1278670	394625	564905
内蒙古	Inner Mongolia	915900	325	145	180	915575	353338	482712
辽　宁	Liaoning	838853				838853	281014	480707
吉　林	Jilin	966076	1722	1722		964353	372123	493002
黑龙江	Heilongjiang	878418	4905	2118		873514	463794	317069
上　海	Shanghai	2328081	2020	2020		2326060	9081	2316979
江　苏	Jiangsu	3984430	2491	2491		3981938	426116	3128237
浙　江	Zhejiang	6027454				6027454	94794	3784141
安　徽	Anhui	4988593	2315	2315		4986278	1134949	3307598
福　建	Fujian	4079468	750	750		4078718	317168	2588647
江　西	Jiangxi	2379095	643	643		2378452	555295	1404108
山　东	Shandong	7785402	65877	65685		7719525	557112	6307451
河　南	Henan	5387695	34182	33839		5353514	987573	2143853
湖　北	Hubei	3079359	15081	15081		3064279	695095	2163578
湖　南	Hunan	2441712				2441712	841191	1342980
广　东	Guangdong	5707392	5225	5225		5702167	556745	4330611
广　西	Guangxi	1660252	245000	40000	50000	1415252	628171	713173
海　南	Hainan	612015				612015	337310	270197
重　庆	Chongqing	1875948				1875948	745319	707972
四　川	Sichuan	2777924				2777924	961904	1436748
贵　州	Guizhou	3443068	386	386		3442682	499838	1949746
云　南	Yunnan	4149419	632	632		4148787	1157375	2180932
西　藏	Tibet	377251				377251	329343	46853
陕　西	Shaanxi	3218365	520	489		3217845	936224	1269596
甘　肃	Gansu	1602423	228	228		1602195	406628	899877
青　海	Qinghai	488275	21084	21084		467191	234636	209001
宁　夏	Ningxia	634181	240	240		633941	232543	261015
新　疆	Xinjiang	3322125				3322125	1569347	1188676

注　国家预算内投资包括预算内拨款（指财政预算内经营性或非经营性资金支出）、预算内专项资金和水利建设基金。

Note　Investments from national budget include allocation from budget (here refers to business and non-business expenditure from national budget), and special funds from budget and water project construction funds.

6-18 历年分资金来源水利建设投资完成额（一）
Completed Investment for Water Project Construction by Financial Sources and Year（1）

单位：万元　　　　　　　　　　　　　　　　　　　　　　　　　　　　　　　　unit: 10⁴ yuan

年份 Year	完成投资 合计 Total Completed Investment	国家投资 National Investment	国内贷款 Domestic Loan	债券 Bonds	水利建设基金 Water Project Investment Funds	企业和私人投资 Company and Private Investment	利用外资 Foreign Investment	自筹投资 Self-raising Funds	以工代赈 Labor for Subsidy	其他 Others
1989	355508	227082	14537				11131	86035		16723
1990	487203	278314	20532				22100	135075		31182
1991	648677	339331	48209				59562	172800		28775
1992	1092231	365583	90528				54233	302079	120561	159247
1993	1352846	388237	234441				60343	376303	112057	181465
1994	1687140	421409	389491				148003	500900		227337
1995	2062088	529962	476092				247177	564120		244737
1996	2432539	668533	527637	595			246354	728528	47301	213591
1997	3154061	860940	456094	5040	199311		330697	1010467		291512

年份 Year	完成投资 合计 Total Completed Investment	国家预算内拨款 National Budget Allocation	国家预算内专项资金 Special Funds from National Budget	财政专项资金 Financial Special Funds	国内贷款 Domestic Loan	债券 Bonds	水利建设基金 Water Project Investment Funds	企业和私人投资 Company and Private Investment	利用外资 Foreign Investment	自筹投资 Self-raising Funds	其他 Others
1998	4676865	995338	1107358		562135		180526		209127	1302536	319845
1999	4991476	857574	1398239		369829	219563	236018		203968	1409224	297061
2000	6129331	722894	2152266		478405	30355	322969		232487	1900309	289646
2001	5607065	891427	1933136		325480	12744	209879		275515	1741860	217024
2002	8192153	1129568	3191917		552078	11735	275895		202498	2487278	341184
2003	7434176	1058321	2346093		914163	2080	294907		103420	2471857	243335
2004	7835450	1258899	1922409		1026356		287902		122315	2962934	254634
2005	7468483	1330632	1793636		941809		302698	507175	192643	1914776	485114
2006	7938444	1931541	1847169		806606		361223	338470	143434	1784897	725104
2007	9448538	2700258	1956989		833576	400	677814	383498	94756	2199398	601848
2008	10882012	3903636	1604711		969469		604949	358735	105085	2353630	981800
2009	18940321	9299491	1287604		1528610		1054664	414027	75675	3338654	1941596
2010	23199265	9180534	947861		3374355	25299	2151824	480135	13058	3161926	3864273
2011	30860284	8988189	291662	5648074	2703080	38614	796110	749193	44176	4068349	7532837
2012	39642358	12914781	253770	10042017	2655028	51882	1200487	1133757	41295	3504219	7845122
2013	37576331	11367534	127330	9374510	1726871	17221	1080554	1607082	85724	3606718	8582786
2014	40831354	12820428	23949	11592375	2996401		2691996	899416	43286	3398976	6364525
2015	54522165	15496631	141994	18921413	3386394	4461	1421337	1879054	75704	5731487	7463690
2016	60995861	14904073		16735628	8460963	38335	1925075	3031110	69814	6493719	9337144

注　2011 年、2012 年、2013 年、2014 年和 2015 年 "其他" 投资中含重大水利工程建设基金，分别为 437.8 亿元、434.9 亿元、412.6 亿元、136.8 亿元和 80.4 亿元。

Note　"Others" of 2011, 2012, 2013, 2014 and 2015 in the table, including the Major Water Project Construction Funds, are 43.78 billion yuan, 43.49 billion yuan, 41.26 billion yuan, 13.68 billion yuan and 8.04 billion yuan respectively.

6-19　历年分资金来源水利建设投资完成额（二）
Completed Investment for Water Project Construction by Financial Sources and Year（2）

年份 Year	完成投资 合计 Total Completed Investment	政府投资① Government Investment①	中央 Central	地方 Local	利用外资 Foreign Investment	企业和 私人投资 Company and Private Investment	国内贷款 Domestic Loan	债券 Bonds	其他 Others
2007	9448538	7874125	3550444	4323681	94756	383498	833576	400	262183
2008	10882012	9157875	4169558	4988317	105085	358735	969469		290849
2009	18940321	16541747	8453697	8088050	75675	414027	1528610	63912	316349
2010	23199265	18792902	9604835	9188067	13058	480135	3374355	25299	513516
2011	30860284	26590732	14353990	12236742	44176	749193	2703080	38614	734489
2012	39642358	34977066	20332106	14644959	41295	1133757	2655028	51882	783330
2013	37576331	32718401	17298370	15420031	85724	1607082	1726871	17221	1421031
2014	40831354	35109993	16485110	18624883	43286	899416	2996401	17200	1765057
2015	54522165	47858836	22312410	25546426	75704	1879054	3386394	4461	1316967
2016	60995861	45774399	16792314	28982085	69814	4247073	8795486	38335	2070754
2017	71323681	53353077	17571183	35781893	80395	6007904	9257656	265419	2359231
2018	66025726	50122981	17527348	32595632	48936	5650623	7524538	415948	2262701
2019	67117376	52390381	17511092	34879289	56512	5879988	6362780	99751	2327964
2020	81816711	66347115	17868781	48478334	106736	6904049	6139504	871647	1447660

① 政府投资指中央及地方各级政府完成的水利建设的各项财政资金（包括预算内非经营性基金、国债专项资金和水利建设基金等）和政府部门自筹投资等。

① Government investment refers to all sorts of financial funds from Central Government and local governments at all levels (including non-business funds from budget, special funds and bonds and water project construction funds) and self-raising funds of governmental departments.

6-20　2020 年分资金来源水利建设投资完成额（按地区分）
Completed Investment for Water Project Construction by Financial Sources in 2020 (by Region)

单位：万元　　　　　　　　　　　　　　　　　　　　　　　　　　　　　　　　　　　　　unit: 10⁴ yuan

地区 Region		完成投资 合计 Total Completed Investment	政府投资① Government Investment①	中央 Central	地方 Local	利用外资 Foreign Investment	企业和 私人投资 Company and Private Investment	国内贷款 Domestic Loan	债券 Bonds	其他 Others
合　计	Total	**81816711**	**66347115**	**17868781**	**48478334**	**106736**	**6904049**	**6139504**	**871647**	**1447660**
北　京	Beijing	573606	456897	69553	387344		108550			8159
天　津	Tianjin	642701	466551	57143	409408		147151			28999
河　北	Hebei	3371942	2808757	1467719	1341038		106501	297810	87359	71516
山　西	Shanxi	1279289	960149	395244	564905		161806	145254	7041	5038
内蒙古	Inner Mongolia	915900	836375	353483	482892		68038	2737		8750
辽　宁	Liaoning	838853	761722	281014	480707		6831	70000		300
吉　林	Jilin	966076	866847	373845	493002			17705	81524	
黑龙江	Heilongjiang	878418	782981	465912	317069		4197	4281	25385	61574
上　海	Shanghai	2328081	2328081	11101	2316979					
江　苏	Jiangsu	3984430	3556844	428608	3128237		237458	145666	10000	34462
浙　江	Zhejiang	6027454	3878935	94794	3784141	43728	905342	913188	101981	184279
安　徽	Anhui	4988593	4444862	1137264	3307598		250061	263669		30000
福　建	Fujian	4079468	2906565	317918	2588647		540426	299052	139687	193739
江　西	Jiangxi	2379095	1960047	555938	1404108	33808	173425	190316	21500	
山　东	Shandong	7785402	6930248	622797	6307451		511055	313985		30114
河　南	Henan	5387695	3165266	1021413	2143853	14671	1240381	724894	9363	233121
湖　北	Hubei	3079359	2873753	710175	2163578		69690	21486	46801	67629
湖　南	Hunan	2441712	2184171	841191	1342980		96771	114270	8500	38000
广　东	Guangdong	5707392	4892581	561970	4330611		454903	130135	160000	69773
广　西	Guangxi	1660252	1431344	668171	763173	4000	36398	162463	20500	5547
海　南	Hainan	612015	607507	337310	270197				4507	
重　庆	Chongqing	1875948	1453291	745319	707972	10026	235224	109981	45663	21764
四　川	Sichuan	2777924	2398652	961904	1436748		187169	173661		18443
贵　州	Guizhou	3443068	2449970	500224	1949746		170173	738182	57277	27466
云　南	Yunnan	4149419	3338939	1158007	2180932		495509	162018	17205	135748
西　藏	Tibet	377251	376196	329343	46853					1055
陕　西	Shaanxi	3218365	2206309	936713	1269596		387500	624524		31
甘　肃	Gansu	1602423	1306733	406856	899877		59537	150805		85348
青　海	Qinghai	488275	464721	255721	209001	503		195		22857
宁　夏	Ningxia	634181	493797	232783	261015		61996	77897		490
新　疆	Xinjiang	3322125	2758023	1569347	1188676		187959	285330	27354	63460

① 政府投资指中央及地方各级政府完成的水利建设的各项财政资金（包括预算内非经营性基金、国债专项资金和水利建设基金等）和政府部门自筹投资等。

① Government investment refers to all sorts of financial funds from Central Government and local governments at all levels (including non-business funds from budget, special funds and bonds and water project construction funds) and self-raising funds of governmental departments.

6-21　历年分用途水利建设投资完成额
Completed Investment for Water Project Construction by Function and Year

单位：万元　　　　　　　　　　　　　　　　　　　　　　　　　　　　　　　　　　　　unit: 10^4 yuan

年份 Year	完成投资 合计 Total Completed Investment	水库 Reservoir	防洪 Flood Control	灌溉 Irrigation	除涝 Drainage	供水 Water Supply	水电 Hydropower	水保及生态 Soil Conservation and Ecological Restoration	机构能力建设 Capacity Building	前期工作 Early-stage Work	其他 Others
1962	77990	40899	2966	9586	5773						18766
1963	86760	43349	9735	10915	15006						7755
1979	370400	99352	36856	96545	44911						92736
1980	270700	91673	29628	61211	27240						60948
1981	135700	52191	20783	23579	7469						31678
1982	174737	51607	8641	28606	8323						77560
1983	211296	56110	20271	36301	10250						88364
1984	206828	56174	23682	42147	13752						71073
1985	201580	53477	32567	43146	14887						57503
1986	228702	53937	43456	46689	12542	12272					59806
1987	271012	75211	58208	51691	17169	5222					63511
1988	306454	82400	71690	59632	17501	2533					72698
1989	355508	105133	72675	73017	20855	3674					80154
1990	487203	135140	102015	105913	21430	35619					87086
1991	648677	139023	138463	123888	28583	55188	98356				65176
1992	971670	198994	221794	161717	50616	95338	154145				89066
1993	1249260	308558	236551	176821	39098	119747	243324				125161
1994	1687353	436379	242735	162911	57023	237327	393176				157802
1995	2063156	589771	318514	182524	68919	139079	581660				182689
1996	2385240	919545	362152	231447	73659	143625	486151				168661
1997	3154061	1001367	510191	307183	65073	284668	791548				194031
1998	4676865	1131204	1570617	591833	91479	277736	704240				309756
1999	4991576	1122989	2266682	280571	109693	287314	473833	120034			330460
2000	6129331	960273	3049937	537250	110118	410900	563284	182927			314642
2001	5607065		3083006	703721	112183	806205	301137	176624	192108	88888	143538
2002	8192153		4407481	1000174	103544	1515592	466745	319977	169155	68250	141236
2003	7434176		3350814	1045892	88164	1206149	622774	519068	161628	93008	346678
2004	7835450		3579295	875545	90180	1307918	715307	587101	71699	103206	505200
2005	7468483		2781555	1065966	146744	1165206	654724	391856	224008	102562	935862
2006	7938444		2787116	1094704	94098	2082293	573234	422184	65560	136359	682897
2007	9448538		2985677	1039159	199132	3011747	664919	603164	88527	116046	740166
2008	10882012		3465187	1165918	235203	3512571	773709	768749	106007	160441	694229
2009	18940321		6287388	2482320	460735	6178105	720419	867355	106040	158802	1679157
2010	23199265		6635903	3342666	210569	7362713	1053896	858998	195615	248711	3290195
2011	30860284		9962265	4691165	220764	8150170	1090134	953860	402459	420380	4969087
2012	39642358		13942837	6344734	316750	12770928	1171955	1181181	595519	407417	2911038
2013	37576331		13044565	6717187	313072	10614102	1644196	1028920	525410	407346	3281531
2014	40831354		14674482	8230453	551045	10291072	2169022	1412978	409444	650643	2442215
2015	54522165		18791182	13917741	511348	13165716	1520851	1929413	292403	1019151	3374362
2016	60995861		19425029	13599045	1345090	12252598	1666460	4037228	569347	1740192	6360871
2017	71323681		22375176	13706228	2012660	13342899	1458477	6826407	314856	1812265	9474713
2018	66025726		20037244	11724463	1716342	13775575	1209965	7414886	469956	1320205	8357090
2019	67117376		20912904	8050500	1984952	16432286	1066847	9134280	634032	1327181	7574393
2020	81816711		25737869	9763641	2280167	21003188	924484	12209480	851815	1573133	7472932

注　1998 年前未细分出水保及生态，均放于"其他"中；2001 年以后，水库投资已按用途分摊到有关工程类型中。

Note　Soil and water conservation and ecological restoration projects are grouped into "other projects" before the year of 1998. After the year of 2001, the investment of reservoir has been grouped into other projects in accordance with its function.

6-22　2020 年分用途水利建设投资完成额（按地区分）
Completed Investment for Water Project Construction by Function in 2020
(by Region)

单位：万元　　　　　　　　　　　　　　　　　　　　　　　　　　　　　　　　　　　　　unit: 10⁴ yuan

地区	Region	完成投资 合计 Total Completed Investment	防洪 Flood Control	灌溉 Irrigation	除涝 Drainage	供水 Water Supply	水电 Hydropower	水保及生态建设 Soil Conservation and Ecological Restoration	机构能力建设 Capacity Building	前期工作 Early-stage Work	其他 Others
合　计	Total	81816711	25737869	9763641	2280167	21003188	924484	12209480	851815	1573133	7472932
北　京	Beijing	573606	241616	5389	3224	58361		122928	5382	55016	81690
天　津	Tianjin	642701	46583	7144	30917	442212		77553	872	3008	34410
河　北	Hebei	3371942	1726630	56835	909	445960	366	969801	132622	23792	15027
山　西	Shanxi	1279289	269072	106444	926	360844	1283	246440	51377	20071	222830
内蒙古	Inner Mongolia	915900	238691	86826	1653	360194	2000	126684	25945	10745	63163
辽　宁	Liaoning	838853	276259	40832	298	437811	232	65583	7680	5907	4252
吉　林	Jilin	966076	276247	104720	431	454148		97070	2416	24480	6564
黑龙江	Heilongjiang	878418	251389	368793		81336		23708	1652	8992	142547
上　海	Shanghai	2328081	745047	2728	51599	2932	6668	1021993	18211	13903	465000
江　苏	Jiangsu	3984430	1280429	400648	224992	802970	500	913203	32368	47626	281692
浙　江	Zhejiang	6027454	2386149	314083	354687	2057388	48394	495357	63370	80651	227375
安　徽	Anhui	4988593	2713947	170814	265379	485520	2046	596008	41707	8327	704845
福　建	Fujian	4079468	1141119	152560	72518	741770	88468	828455	13799	128811	911968
江　西	Jiangxi	2379095	527823	246531	202602	526590	56290	393027	71712	82386	272134
山　东	Shandong	7785402	4245027	1284324		1872436		328274	11018	2840	41483
河　南	Henan	5387695	906330	829436	251156	725496	1051	1517202	20597	269446	866981
湖　北	Hubei	3079359	1605524	236153	179632	138756	235055	398070	38471	34230	213467
湖　南	Hunan	2441712	889391	444058	220514	469435	18839	160593	100970	46863	91048
广　东	Guangdong	5707392	1711066	96610	200846	1362174	3837	1628338	10612	81427	612482
广　西	Guangxi	1660252	563698	370999	1653	303920	119942	97822	5741	28407	168070
海　南	Hainan	612015	219269	216050	52935	36220	910	68578	1994	6735	9324
重　庆	Chongqing	1875948	538916	249248	8836	713343	60776	94821	29260	43160	137589
四　川	Sichuan	2777924	783900	766893	12169	289536	2459	201157	1990	46974	672846
贵　州	Guizhou	3443068	310405	610169	38281	1817980	142035	166717	24667	77330	255484
云　南	Yunnan	4149419	368477	1032010	81462	2220552	4848	245043	19718	33507	143801
西　藏	Tibet	377251	111995	63017		108933	15105	21836	9148	7546	39672
陕　西	Shaanxi	3218365	423308	163802	2278	818121	81623	862922	79607	247317	539387
甘　肃	Gansu	1602423	182025	130074	349	1060425		190102	5303	8837	25309
青　海	Qinghai	488275	185420	142875	1007	77030	4032	52356	2317	5682	17557
宁　夏	Ningxia	634181	51237	141629	2335	306905	400	40206	240	24475	66754
新　疆	Xinjiang	3322125	520881	921949	16577	1423888	27323	157634	21049	94644	138181

6-23 历年各水资源分区水利建设投资完成额

Completed Investment for Water Project Construction
by Water Resources Sub-region and Year

单位：亿元   unit: 10⁸ yuan

年份 Year	完成投资 合计 Total Completed Investment	松花江区 Songhua River	辽河区 Liaohe River	海河区 Haihe River	黄河区 Yellow River	淮河区 Huaihe River	长江区 Yangtze River	珠江区 Pearl River	东南诸河区 Rivers in Southeast	西南诸河区 Rivers in Southwest	西北诸河区 Rivers in Northwest
1990	48.72	2.25	3.01	4.06	8.86	3.92	14.75	4.66			
1991	64.87	2.39	3.00	3.88	11.08	5.99	18.84	9.51			
1992	97.17	4.71	3.62	6.40	16.35	9.37	32.11	12.26			
1993	124.93	3.77	6.20	11.62	24.26	7.74	39.27	13.49			
1994	168.74	6.13	5.21	12.38	33.36	12.08	51.47	21.04			
1995	206.32	5.38	6.96	14.00	52.51	16.15	59.88	17.38			
1996	238.52	4.08	3.63	20.34	68.03	17.17	58.17	21.95			
1997	315.41	5.01	2.81	20.91	92.58	18.25	72.32	38.39			
1998	467.56	13.47	3.54	31.28	116.17	29.78	125.73	50.36			
1999	499.16	6.29	26.4	21.44	104.67	33.85	157.97	43.47			
2000	612.93	9.42	24.23	47.21	95.84	38.25	218.37	62.45			
2001	560.71	16.49	7.47	33.54	100.03	32.83	186.58	50.86			
2002	819.22	38.95	12.43	62.20	108.50	46.20	283.38	77.17			
2003	743.42	41.54	10.19	61.83	86.86	51.32	210.65	66.39			
2004	783.55	32.63	11.54	55.43	108.92	84.52	207.31	69.22			
2005	746.85	30.89	21.77	51.60	95.04	80.70	210.76	81.38	91.17	16.83	66.69
2006	793.84	31.44	23.88	112.82	78.46	87.15	219.32	76.83	73.69	16.48	73.80
2007	944.85	33.13	28.55	101.84	111.53	130.89	290.87	75.21	75.59	21.85	75.40
2008	1088.20	38.20	40.88	81.91	123.09	118.48	375.07	100.30	88.54	25.79	95.95
2009	1894.03	73.67	81.11	160.97	281.24	206.18	614.21	195.60	117.72	38.41	124.91
2010	2319.93	74.47	53.95	247.07	341.84	171.35	808.78	262.40	169.50	64.49	126.09
2011	3086.03	124.36	75.43	220.53	528.32	225.73	1230.97	285.94	194.66	68.42	131.67
2012	3964.24	198.92	111.42	274.40	709.14	288.06	1487.49	294.51	293.46	118.04	188.79
2013	3757.63	106.49	125.95	330.83	386.57	366.86	1713.12	256.09	64.95	157.19	249.57
2014	4083.14	235.93	152.26	362.67	354.91	375.22	1712.14	312.55	239.56	163.86	174.04
2015	5452.22	428.96	178.11	533.72	512.35	506.46	1697.25	568.15	458.18	264.21	304.84
2016	6099.59	387.14		552.87	605.33	594.23	1954.70	667.17	765.04	255.44	317.65
2017	7132.37	269.98	83.18	491.54	720.64	568.36	2590.92	747.39	904.66	247.88	507.82
2018	6602.57	290.39	62.39	342.00	667.42	592.37	2441.24	712.79	880.15	245.54	368.29
2019	6711.74	202.10	113.32	478.02	582.05	734.99	2432.58	719.08	870.00	216.31	363.29
2020	8181.67	204.71	111.43	649.62	866.16	1224.53	2698.14	967.22	909.00	170.47	380.41

注　2005 年以前，本表按照流域统计当年投资完成额，其中东南诸河区、西南诸河区、西北诸河区未作细分。2016 年松花江区含辽河区数据。

Note　Before the year of 2005, the completed investment of the year in this table is calculated based on river basins, and the data of rivers in southeast, rivers in southwest, rivers in northwest, are not given. The data of Liaohe River is included in the Songhua River in 2016.

6-24 2020年各水资源分区水利建设投资完成额（按地区分）

Completed Investment for Water Project Construction by Water Resources Sub-region in 2020(by Region)

单位：万元　　　　　　　　　　　　　　　　　　　　　　　　　　　　　　unit: 10^4 yuan

地区 Region	完成投资 合计 Total Completed Investment	松花江区 Songhua River	辽河区 Liaohe River	海河区 Haihe River	黄河区 Yellow River	淮河区 Huaihe River	长江区 Yangtze River	珠江区 Pearl River	东南诸河区 Rivers in Southeast	西南诸河区 Rivers in Southwest	西北诸河区 Rivers in Northwest
合计 Total	81816711	2047093	1114255	6496167	8661585	12245283	26981368	9672175	9089988	1704659	3804137
北京 Beijing	573606			573606							
天津 Tianjin	642701			642701							
河北 Hebei	3371942			3371942							
山西 Shanxi	1279289			340915	938373						
内蒙古 Inner Mongolia	915900	270847	213785	6960	351884						72424
辽宁 Liaoning	838853		832222	6631							
吉林 Jilin	966076	897827	68249								
黑龙江 Heilongjiang	878418	878418									
上海 Shanghai	2328081						2328081				
江苏 Jiangsu	3984430					1754625	2229805				
浙江 Zhejiang	6027454						1016185		5011270		
安徽 Anhui	4988593					2095835	2892758				
福建 Fujian	4079468						750		4078718		
江西 Jiangxi	2379095						2379095				
山东 Shandong	7785402			1245713	1009661	5530029					
河南 Henan	5387695			307699	1672817	2864795	542384				
湖北 Hubei	3079359						3079359				
湖南 Hunan	2441712						2393504	48208			
广东 Guangdong	5707392							5707392			
广西 Guangxi	1660252						21713	1638539			
海南 Hainan	612015							612015			
重庆 Chongqing	1875948						1875948				
四川 Sichuan	2777924				3697		2774227				
贵州 Guizhou	3443068						2300104	1142964			
云南 Yunnan	4149419						2298953	523058		1327408	
西藏 Tibet	377251									377251	
陕西 Shaanxi	3218365				2469238		749127				
甘肃 Gansu	1602423				1240602		75084				286738
青海 Qinghai	488275				341132		24293				122850
宁夏 Ningxia	634181				634181						
新疆 Xinjiang	3322125										3322125

6-25　历年分隶属关系水利建设投资完成额

Completed Investment for Water Project Construction by Ownership and Year

单位：万元 　　　　　　　　　　　　　　　　　　　　　　　　　　　　　　　　　unit: 10⁴ yuan

年份 Year	完成投资 合计 Total Completed Investment	中央属 Central Government	省属 Provincial Governments	地市属 Prefectures and Cities	县属 Counties	其他 Others
1999	4991576	1275512	1626012	1216724	764316	109012
2000	6129331	1385363	2465371	1187976	974035	116586
2001	5607065	1219487	2237784	1070939	976605	102250
2002	8192153	1250858	3454247	1818716	1668332	
2003	7434176	964952	3239531	1458719	1699661	71313
2004	7835450	1429738	2900010	1642748	1518628	343126
2005	7468483	1227628	2548527	1882009	1579786	230533
2006	7938444	1610784	2260775	2010232	1825458	231196
2007	9448538	1544575	2891368	2389052	2266202	357341
2008	10882012	1092053	3193009	2675569	3667281	254100
2009	18940321	2068697	4693782	4906296	7119662	151884
2010	23199265	4427984	5147607	4886393	8160858	576423
2011	30860284	5974864	5766091	5401723	13539071	178534
2012	39642358	6654250	7100709	6133605	19751460	2333
2013	37576331	4304507	7201760	5405134	20578714	86216
2014	40831354	1436675	8882262	5732513	24660484	119421
2015	54522165	1090890	12009713	8324721	32395780	701061
2016	60995861	887197	12969444	12188351	34425189	525681
2017	71323681	1126919	13904614	13437179	42827706	27262
2018	66025726	1165868	11024225	11898439	41856591	80602
2019	67117376	663557	10677876	14669016	41033646	73280
2020	81816711	485426	12382542	19189575	49696006	63162

6-26　2020年分隶属关系水利建设投资完成额（按地区分）

Completed Investment for Water Project Construction by Ownership in 2020 (by Region)

单位：万元　　　　　　　　　　　　　　　　　　　　　　　　　　　　　　　　　　unit: 10⁴ yuan

地区	Region	完成投资 合计 Total Completed Investment	中央属 Central Government	省属 Provincial Governments	地市属 Prefectures and Cities	县属 Counties	其他 Others
合　计	**Total**	**81816711**	**485426**	**12382542**	**19189575**	**49696006**	**63162**
北　京	Beijing	573606	74161	206410	293036		
天　津	Tianjin	642701	4943	195904	441854		
河　北	Hebei	3371942	2077	14085	958474	2397307	
山　西	Shanxi	1279289	619	311626	151456	815588	
内蒙古	Inner Mongolia	915900	325	203849	98686	613040	
辽　宁	Liaoning	838853		107086	221782	509984	
吉　林	Jilin	966076	1722	243799	93418	627136	
黑龙江	Heilongjiang	878418	4905		160913	712601	
上　海	Shanghai	2328081	2020	1660029	666032		
江　苏	Jiangsu	3984430	2491	144968	1209827	2627144	
浙　江	Zhejiang	6027454		20036	1187977	4819441	
安　徽	Anhui	4988593	2315	1038340	1273350	2674586	2
福　建	Fujian	4079468	750	44338	660771	3373610	
江　西	Jiangxi	2379095	643	432481	342909	1603062	
山　东	Shandong	7785402	65877	973671	2378274	4366680	900
河　南	Henan	5387695	34182	988676	1405270	2959494	74
湖　北	Hubei	3079359	15081	427920	1319292	1317067	
湖　南	Hunan	2441712		121735	329118	1990860	
广　东	Guangdong	5707392	5225	861044	1523784	3255339	62000
广　西	Guangxi	1660252	245000	11573	611522	792156	
海　南	Hainan	612015		372935	133963	105117	
重　庆	Chongqing	1875948		20662		1855286	
四　川	Sichuan	2777924		44843	451619	2281462	
贵　州	Guizhou	3443068	386	526409	395313	2520960	
云　南	Yunnan	4149419	632	1128749	211738	2808114	186
西　藏	Tibet	377251		104001	122476	150774	
陕　西	Shaanxi	3218365	520	624668	825991	1767185	
甘　肃	Gansu	1602423	228	289467	403185	909543	
青　海	Qinghai	488275	21084	90908	87939	288344	
宁　夏	Ningxia	634181	240	290875	111554	231512	
新　疆	Xinjiang	3322125		881456	1118053	1322616	

6-27　历年分建设性质水利建设投资完成额

Completed Investment of Water Projects by Construction Type and Year

单位：万元　　unit: 10^4 yuan

年份 Year	完成投资 合计 Total Completed Investment	新建 Newly- constructed	扩建 Expansion	改建 Rehabilitation	建造生活 设施 Domestic Facilities	迁建 Relocation Construction	恢复 Restoration	单纯购置 Procurement Only	前期工作 Early-stage Work
2003	7434176	4612389	748559	1922749	855	16889	125502	7234	
2004	7835450	5232176	787089	1648118	1697	552	160443	5376	
2005	7468483	5169892	913465	1254193	5989	435	116656	7852	
2006	7938444	5836456	679318	1243188		13730	58633	5082	102036
2007	9448538	6622152	809702	1855168		1888	78782	10328	70518
2008	10882012	6937057	809372	2881669	12990	14725	148107	8967	69126
2009	18940321	11696786	1340990	5704611	1291	10202	54847	6191	125403
2010	23199265	16492525	1262254	5091019		12872	228757	15949	95888
2011	30860284	21901730	1789445	6385538	6766	26135	278805	63158	408708
2012	39642358	25536930	1299875	12321437		48364	241298	33045	161409
2013	37576331	25553378	1477689	9611358		15728	300676	94565	522008
2014	40831354	28633614	2327562	8894558		8277	371433	66884	529025
2015	54522165	40077117	2920473	10667646		14165	328103	144340	370321
2016	60995861	47757408	3841636	8432564	32325	48579	546026	101612	235712
2017	71323681	55075463	3898865	11097559	13128	31111	646282	235608	325666
2018	66025726	51495714	2639430	10389443	310	32796	352788	276927	838319
2019	67117376	52027712	2028760	12081635	4984	39536	217876	244893	471979
2020	81816711	60090685	2960084	17333362	13242	53811	241309	493481	630736

6-28　2020年分建设性质水利建设投资完成额（按地区分）

Completed Investment of Water Projects by Construction Type in 2020 (by Region)

单位：万元　　　　　　　　　　　　　　　　　　　　　　　　　　　　　　　　　　　　unit: 10⁴ yuan

地区	Region	完成投资 合计 Total Completed Investment	新建 Newly- constructed	扩建 Expansion	改建 Rehabilitation	建造生活 设施 Domestic Facilities	迁建 Relocation Construction	恢复 Restoration	单纯购置 Procurement Only	前期工作 Early-stage Work
合　计	**Total**	**81816711**	**60090685**	**2960084**	**17333362**	**13242**	**53811**	**241309**	**493481**	**630736**
北　京	Beijing	573606	346954	39236	131249			24447		31720
天　津	Tianjin	642701	488469	20361	128483			3304	494	1590
河　北	Hebei	3371942	3266061		99938				495	5448
山　西	Shanxi	1279289	1109692	41157	74611	7895		13754	32180	
内蒙古	Inner Mongolia	915900	652245	2720	236859			1742	8672	13662
辽　宁	Liaoning	838853	825934		7707			324	2888	2000
吉　林	Jilin	966076	929123		999			11146	1883	22925
黑龙江	Heilongjiang	878418	768881	71737	37671	20				110
上　海	Shanghai	2328081	2249606	18936	57353			1174		1012
江　苏	Jiangsu	3984430	2822694	385951	674986	1154			57288	42358
浙　江	Zhejiang	6027454	4793466	185226	1008782		4284	35416	130	151
安　徽	Anhui	4988593	4319214	123368	466964		24545	48295	1107	5100
福　建	Fujian	4079468	3641987	200831	162121			49522	2946	22060
江　西	Jiangxi	2379095	1218445	68019	1054217	347		1776	6329	29962
山　东	Shandong	7785402	1771341	812868	5195928			4226	120	920
河　南	Henan	5387695	2347339	359117	2661584	19		393	4351	14892
湖　北	Hubei	3079359	2403406	94654	361579			5184	153749	60788
湖　南	Hunan	2441712	1518307	135230	642130		800	4023	29319	111902
广　东	Guangdong	5707392	5142141	100066	373492	3410	6362	6508	6744	68668
广　西	Guangxi	1660252	1513372	26415	76320		8000	8480	4296	23368
海　南	Hainan	612015	568404		40892					2719
重　庆	Chongqing	1875948	1648088	69612	96289		8714	4530	10498	38218
四　川	Sichuan	2777924	2518124		253399				4201	2200
贵　州	Guizhou	3443068	3337799	21441	8418	97	947	476	10983	62907
云　南	Yunnan	4149419	3874829	94084	162198				904	12993	4411
西　藏	Tibet	377251	349125	1645	17421			8838	222	
陕　西	Shaanxi	3218365	697111	10000	2329141			2717	125959	53437
甘　肃	Gansu	1602423	1512343	23476	62931		160	717	1349	1446
青　海	Qinghai	488275	485323	401	1245				1307	
宁　夏	Ningxia	634181	505858		121962			1797	760	3804
新　疆	Xinjiang	3322125	2465006	53534	786491	300		1616	12217	2961

6-29 历年分建设阶段水利建设投资完成额

Completed Investment of Water Projects by Construction Stage and Year

单位：万元

年份 Year	完成投资 合计 Total Completed Investment	筹建 Preparation	当年正式施工 Start Construction at the Present Year	当年收尾 Completed at the Present Year	全部停缓建 Suspended or Cancelled	单纯购置 Procurement Only	前期工作 Early-stage Work
2002	8192153	164376	7780740	240816		6221	
2003	7434176	45986	7206884	170562	3510	7234	
2004	7835450	141607	7406704	273994	7763	5384	
2005	7468483		7394937	56826	8867	7852	
2006	7938444	40716	7651806	132829	14226	5082	93784
2007	9448538	61830	9017110	259879	11690	8836	89193
2008	10882012	82697	10607800	80926	11540	8967	90082
2009	18940321	352473	18322138	112391	23122	6191	124006
2010	23199265	211602	22783218	25864	8067	15949	154565
2011	30860284	556487	29784426	45422	2083	63158	408708
2012	39642358	687320	38714955	40132	5498	33045	161409
2013	37576331	696244	36176897	12888	8999	94565	584680
2014	40831354	1397937	38766904	22227	17572	66884	559830
2015	54522165	665889	53323533	8625	9457	144340	370321
2016	60995861	816181	59691186	57777	77366	117639	235712
2017	71323681	902775	69379202	476874	3517	235608	325706
2018	66025726	730752	63746368	429387	3918	276977	838324
2019	67117376	386867	65671707	317471	11307	258045	471979
2020	81816711	767758	79285547	623873	15316	493481	630736

6-30 2020年分建设阶段水利建设投资完成额（按地区分）

Completed Investment of Water Projects by Construction Stage in 2020 (by Region)

单位：万元　　　　　　　　　　　　　　　　　　　　　　　　　　　　　　　　unit: 10⁴ yuan

地区	Region	完成投资 合计 Total Completed Investment	筹建 Preparation	当年正式施工 Start Construction at the Present Year	当年收尾 Completed at the Present Year	全部停缓建 Suspended or Cancelled	单纯购置 Procurement Only	前期工作 Early-stage Work
合　计	**Total**	**81816711**	**767758**	**79285547**	**623873**	**15316**	**493481**	**630736**
北　京	Beijing	573606	41691	498314	1881			31720
天　津	Tianjin	642701	13345	627273			494	1590
河　北	Hebei	3371942		3366000			495	5448
山　西	Shanxi	1279289	1549	1243438		2122	32180	
内蒙古	Inner Mongolia	915900	61	893505			8672	13662
辽　宁	Liaoning	838853	4902	829062			2888	2000
吉　林	Jilin	966076	1200	895453	44616		1883	22925
黑龙江	Heilongjiang	878418		878288	20			110
上　海	Shanghai	2328081	106372	2143404	77292			1012
江　苏	Jiangsu	3984430	3625	3874828	6332		57288	42358
浙　江	Zhejiang	6027454	82690	5943763	720		130	151
安　徽	Anhui	4988593	300	4947667	34419		1107	5100
福　建	Fujian	4079468	148595	3894215	7152	4500	2946	22060
江　西	Jiangxi	2379095	369	2341762	673		6329	29962
山　东	Shandong	7785402	3300	7777147	3915		120	920
河　南	Henan	5387695	5563	5257953	96241	8694	4351	14892
湖　北	Hubei	3079359	121802	2743021			153749	60788
湖　南	Hunan	2441712	5977	2294508	5		29319	111902
广　东	Guangdong	5707392	9231	5619140	3609		6744	68668
广　西	Guangxi	1660252		1632588			4296	23368
海　南	Hainan	612015		609296				2719
重　庆	Chongqing	1875948	53359	1773873			10498	38218
四　川	Sichuan	2777924	36192	2735331			4201	2200
贵　州	Guizhou	3443068	11399	3074854	282925		10983	62907
云　南	Yunnan	4149419	1703	4129501	810		12993	4411
西　藏	Tibet	377251	440	341262	35327		222	
陕　西	Shaanxi	3218365	113462	2899647	25860		125959	53437
甘　肃	Gansu	1602423	30	1599516	82		1349	1446
青　海	Qinghai	488275		486968			1307	
宁　夏	Ningxia	634181	600	629017			760	3804
新　疆	Xinjiang	3322125		3304954	1993		12217	2961

6-31　历年分规模水利建设投资完成额

Completed Investment of Water Projects by Size of Water Project and Year

单位：万元　　　　　　　　　　　　　　　　　　　　　　　　　　　　　　　　　　　　unit: 10^4 yuan

年份 Year	完成投资 合计 Total Completed Investment	大中型 Large and Medium	小型 Small	其他 Others
2003	7434176	2343713	4815522	274940
2004	7835450	2259955	5365376	210120
2005	7468483	3263029	3766332	439121
2006	7938444	2961707	4451579	525158
2007	9448538	3183673	5485744	779121
2008	10882012	2539432	8179610	162970
2009	18940321	4502610	14205434	232277
2010	23199265	6878706	16093909	226650
2011	30860284	9452390	20863449	544445
2012	39642358	11694575	27575237	372546
2013	37576331	9059372	27632787	884172
2014	40831354	7085221	33088136	657997
2015	54522165	8599941	45402114	520110
2016	60995861	10800283	49719523	476055
2017	71323681	14304835	56350991	667854
2018	66025726	11835058	51689130	2501539
2019	67117376	10667722	55356816	1092839
2020	81816711	16354497	64421106	1041107

6-32　2020 年分规模水利建设投资完成额（按地区分）

Completed Investment of Water Projects by Size of Project in 2020 (by Region)

单位：万元

unit: 10⁴ yuan

地区	Region	完成投资 合计 Total Completed Investment	大中型 Large and Medium	小型 Small	其他 Others
合　计	**Total**	**81816711**	**16354497**	**64421106**	**1041107**
北　京	Beijing	573606	99343	441099	33164
天　津	Tianjin	642701	6300	632647	3754
河　北	Hebei	3371942	1290213	2080667	1063
山　西	Shanxi	1279289	105996	1173293	
内蒙古	Inner Mongolia	915900	258048	628892	28960
辽　宁	Liaoning	838853	128361	707603	2888
吉　林	Jilin	966076	329211	636035	829
黑龙江	Heilongjiang	878418	330848	543674	3896
上　海	Shanghai	2328081	152656	2174884	541
江　苏	Jiangsu	3984430	1036113	2894436	53881
浙　江	Zhejiang	6027454	294454	5680860	52139
安　徽	Anhui	4988593	1649268	3336000	3325
福　建	Fujian	4079468	598822	3461546	19100
江　西	Jiangxi	2379095	112981	2231845	34269
山　东	Shandong	7785402	240045	7522853	22505
河　南	Henan	5387695	1217186	4159713	10797
湖　北	Hubei	3079359	359229	2715865	4265
湖　南	Hunan	2441712	480441	1828169	133102
广　东	Guangdong	5707392	1355567	4271949	79875
广　西	Guangxi	1660252	651174	1009078	
海　南	Hainan	612015	287932	320300	3783
重　庆	Chongqing	1875948	176830	1647936	51182
四　川	Sichuan	2777924	583156	2192567	2200
贵　州	Guizhou	3443068	752315	2539121	151632
云　南	Yunnan	4149419	1334190	2624586	190642
西　藏	Tibet	377251	103204	272517	1530
陕　西	Shaanxi	3218365	668408	2449601	100356
甘　肃	Gansu	1602423	225700	1346009	30713
青　海	Qinghai	488275	170107	318168	
宁　夏	Ningxia	634181	317177	309583	7421
新　疆	Xinjiang	3322125	1039221	2269610	13293

6-33　历年分构成水利建设投资完成额

Completed Investment of Water Projects by Year and Composition of Funds

单位：万元　　　　　　　　　　　　　　　　　　　　　　　　　　　　　　　unit: 10^4 yuan

年份 Year	完成投资 合计 Total Completed Investment	建筑工程 Construction Project	安装工程 Installation	设备工器具购置 Procurement of Machinery and Equipment	其他 Others
2003	7434176	5670323	289401	352728	1121724
2004	7835450	5526833	276530	436531	1595556
2005	7468483	5306556	269855	398472	1493600
2006	7938444	5837364	318550	384313	1398217
2007	9448538	6725242	465282	568467	1689547
2008	10882012	7815009	674188	599969	1792847
2009	18940321	12972462	1133765	1250000	3584094
2010	23199265	15248673	1096243	1245116	5609232
2011	30860284	21032078	1216941	1152076	7459189
2012	39642358	27364953	2377877	1781362	8118166
2013	37576331	27828417	1735750	1610647	6401516
2014	40831354	30863756	1850155	2061439	6056004
2015	54522165	41508222	2287941	1987101	8738901
2016	60995861	44220022	2544739	1728498	12502603
2017	71323681	50696887	2658070	2117097	15851627
2018	66025726	48772479	2808603	2143718	12300927
2019	67117376	49878904	2430564	2210504	12597405
2020	81816711	60148986	3196508	2500343	15970874

6-34　2020 年分构成水利建设投资完成额（按地区分）

Completed Investment of Water Projects by Composition of Funds in 2020
(by Region)

单位：万元　　　　　　　　　　　　　　　　　　　　　　　　　　　　　　　　unit: 10^4 yuan

地区	Region	完成投资				
		合计 Total Completed Investment	建筑工程 Construction Project	安装工程 Installation	设备工器具购置 Procurement of Machinery and Equipment	其他 Others
合　计	**Total**	**81816711**	**60148986**	**3196508**	**2500343**	**15970874**
北　京	Beijing	573606	385496	5194	4260	178656
天　津	Tianjin	642701	415083	91770	15492	120356
河　北	Hebei	3371942	1636622	197440	133958	1403923
山　西	Shanxi	1279289	768633	40484	105465	364706
内蒙古	Inner Mongolia	915900	602934	58590	127512	126865
辽　宁	Liaoning	838853	741649	16642	45694	34868
吉　林	Jilin	966076	749834	26651	24369	165221
黑龙江	Heilongjiang	878418	667649	18348	23049	169372
上　海	Shanghai	2328081	1873673	7592	2864	443952
江　苏	Jiangsu	3984430	2972939	140591	99287	771613
浙　江	Zhejiang	6027454	4567899	148074	67898	1243584
安　徽	Anhui	4988593	3814884	116916	129005	927787
福　建	Fujian	4079468	3149629	168801	59382	701656
江　西	Jiangxi	2379095	1723845	108087	56965	490198
山　东	Shandong	7785402	5243141	439736	286274	1816251
河　南	Henan	5387695	4049552	108360	179276	1050507
湖　北	Hubei	3079359	2505577	122394	93569	357820
湖　南	Hunan	2441712	1880686	129233	84830	346963
广　东	Guangdong	5707392	4393846	127717	57674	1128156
广　西	Guangxi	1660252	1167017	57669	108374	327191
海　南	Hainan	612015	423786	14149	2111	171969
重　庆	Chongqing	1875948	1148512	111840	86513	529084
四　川	Sichuan	2777924	2007452	173448	34916	562108
贵　州	Guizhou	3443068	2433870	220601	122744	665853
云　南	Yunnan	4149419	3600336	175041	44866	329177
西　藏	Tibet	377251	272768	18202	26569	59713
陕　西	Shaanxi	3218365	2221006	107557	143774	746028
甘　肃	Gansu	1602423	1225849	86279	99265	191030
青　海	Qinghai	488275	423762	9386	3069	52059
宁　夏	Ningxia	634181	478760	17502	47899	90019
新　疆	Xinjiang	3322125	2602299	132217	183418	404191

6-35　历年水利建设当年完成工程量

Completed Working Load by Year

单位：万立方米　　　　　　　　　　　　　　　　　　　　　　　　　　　　　　　　　unit: 10⁴m³

年份 Year	土方 Earth	石方 Rock	混凝土 Concrete
1961	19735	1809	116
1962	25287	1711	77
1963	27438	1679	104
1964	37869	2270	145
1965	64193	2881	186
1971	51085	1478	143
1972	125853	11652	370
1973	111397	13464	469
1974	115695	10671	417
1975	125712	13821	502
1976	163160	26423	712
1977	139104	15147	638
1978	139800	19600	808
1979	206100	16300	746
1980	55000	5400	506
1981	20800	2500	231
1982	19500	2100	245
1983	24300	2000	283
1984	26500	2300	268
1985	25200	2000	244
1986	24100	2000	225
1987	31000	2600	276
1988	29300	2300	298
1989	31650	2886	328
1990	33209	2712	437
1991	40143	3124	512
1992	54862	5054	583
1993	46099	5710	630
1994	41177	5127	707
1995	34955	6126	824
1996	34883	7865	807
1997	42755	5630	988
1998	101393	15023	1322
1999	104684	14022	1613
2000	129432	14456	2084
2001	92777	14716	1855
2002	139036	18178	2581
2003	94079	14677	2710
2004	132007	24057	2514
2005	138665	20718	2168
2006	201603	39847	1971
2007	140567	25099	2050
2008	170705	26686	2651
2009	198846	25333	4641
2010	226128	30505	4660
2011	282247	26001	6228
2012	343715	47404	7447
2013	359956	53854	7030
2014	308992	59370	6932
2015	376411	59603	8181
2016	398386	70072	8671
2017	351660	55394	9454
2018	343669	44508	9340
2019	299050	38926	14811
2020	336534	31232	14141

6-36 2020 年水利建设当年完成工程量（按地区分）

Completed Working Load in 2020(by Region)

单位：万立方米   unit: $10^4 m^3$

地区 Region		当年计划 Planned of the Present Year			当年完成 Completed of the Present Year		
		土方 Earth	石方 Rock	混凝土 Concrete	土方 Earth	石方 Rock	混凝土 Concrete
合　计	Total	349480	41521	19474	336534	31232	14141
北　京	Beijing	3909	654	26	3847	645	23
天　津	Tianjin	983	22	59	1011	33	66
河　北	Hebei	20602	419	149	16396	363	135
山　西	Shanxi	9972	914	145	9734	814	136
内蒙古	Inner Mongolia	10052	754	118	8464	782	111
辽　宁	Liaoning	8358	508	58	8133	482	55
吉　林	Jilin	8783	497	104	8731	479	95
黑龙江	Heilongjiang	6822	758	252	5623	567	233
上　海	Shanghai	3878	9123	5317	3819	118	120
江　苏	Jiangsu	26779	474	639	26636	471	637
浙　江	Zhejiang	9547	1728	946	9837	1726	1021
安　徽	Anhui	23503	1910	839	21160	1719	769
福　建	Fujian	5350	1635	1053	5404	1653	1065
江　西	Jiangxi	4111	707	548	3966	673	538
山　东	Shandong	61066	1419	1136	60483	1418	1121
河　南	Henan	34696	462	464	34899	459	456
湖　北	Hubei	2391	457	181	2370	449	233
湖　南	Hunan	5844	836	516	5791	802	507
广　东	Guangdong	9078	1282	1082	8716	1274	1121
广　西	Guangxi	4125	967	472	4202	919	489
海　南	Hainan	1935	150	168	1863	249	142
重　庆	Chongqing	2698	1183	509	2714	1195	511
四　川	Sichuan	3784	2488	746	3574	2235	682
贵　州	Guizhou	2709	1534	769	2748	1448	732
云　南	Yunnan	9061	3244	806	9054	3242	843
西　藏	Tibet	864	220	118	845	215	108
陕　西	Shaanxi	12910	1676	877	12745	1644	873
甘　肃	Gansu	19254	886	334	18477	886	325
青　海	Qinghai	4338	415	131	4231	397	131
宁　夏	Ningxia	6879	116	100	6715	110	97
新　疆	Xinjiang	25198	4082	811	24345	3764	765

6-37 历年水利建设累计完成工程量

Accumulated Completed Working Load of Water Projects by Year

单位：万立方米   unit: $10^4 m^3$

年份 Year	全部计划 Total Planned			累计完成 Total Completed		
	土方 Earth	石方 Rock	混凝土 Concrete	土方 Earth	石方 Rock	混凝土 Concrete
2003	664041	87724	12965	462941	59674	8617
2004	6422138	1320016	108489	3837466	603405	68102
2005	3211069	660008	54245	1918733	301703	34051
2006	1077148	198978	17349	672085	110836	11386
2007	1083946	222242	17523	601617	91505	10944
2008	1049975	238789	19372	645032	99363	11721
2009	1060725	117890	21656	633610	77809	13828
2010	1188888	118309	24666	647565	80824	14956
2011	980995	120239	27143	690220	77171	16845
2012	1066149	164057	29103	766303	94707	19097
2013	1018601	191797	27116	724815	108723	18140
2014	942890	159184	25891	681691	115661	16265
2015	1088102	195655	30249	847858	153399	18791
2016	955464	157574	33579	802483	144606	20314
2017	1132587	167244	33685	766988	107786	20101
2018	885034	152753	34506	692064	103404	21885
2019	830358	141975	48431	678436	101083	34726
2020	1036944	207820	80078	349480	41521	19474

6-38　2020年水利建设累计完成工程量（按地区分）

Accumulated Completed Working Load of Water Projects in 2020
(by Region)

单位：万立方米　　　　　　　　　　　　　　　　　　　　　　　　　　　　　　　　　unit: 10⁴m³

地区	Region	全部计划 Total Planned			累计完成 Total Completed		
		土方 Earth	石方 Rock	混凝土 Concrete	土方 Earth	石方 Rock	混凝土 Concrete
合 计	**Total**	**1036944**	**207820**	**80078**	**349480**	**41521**	**19474**
北 京	Beijing	9730	3086	330	3909	654	26
天 津	Tianjin	2488	65	114	983	22	59
河 北	Hebei	38546	920	414	20602	419	149
山 西	Shanxi	20943	3605	961	9972	914	145
内蒙古	Inner Mongolia	48226	7186	1035	10052	754	118
辽 宁	Liaoning	26173	5464	1507	8358	508	58
吉 林	Jilin	28258	1564	577	8783	497	104
黑龙江	Heilongjiang	18935	1112	473	6822	758	252
上 海	Shanghai	14842	13585	15009	3878	9123	5317
江 苏	Jiangsu	57629	1099	1378	26779	474	639
浙 江	Zhejiang	32678	12129	4701	9547	1728	946
安 徽	Anhui	84193	6392	2221	23503	1910	839
福 建	Fujian	14884	4844	2582	5350	1635	1053
江 西	Jiangxi	6114	1205	754	4111	707	548
山 东	Shandong	106822	2115	1980	61066	1419	1136
河 南	Henan	71298	2507	1521	34696	462	464
湖 北	Hubei	9267	1721	817	2391	457	181
湖 南	Hunan	7351	1226	785	5844	836	516
广 东	Guangdong	214888	71932	20512	9078	1282	1082
广 西	Guangxi	11080	1594	1484	4125	967	472
海 南	Hainan	5447	621	608	1935	150	168
重 庆	Chongqing	7535	6402	1622	2698	1183	509
四 川	Sichuan	7272	8056	1657	3784	2488	746
贵 州	Guizhou	7690	7996	2964	2709	1534	769
云 南	Yunnan	31226	15767	3677	9061	3244	806
西 藏	Tibet	3027	1059	260	864	220	118
陕 西	Shaanxi	27924	4784	4302	12910	1676	877
甘 肃	Gansu	38314	2783	1077	19254	886	334
青 海	Qinghai	8498	2695	552	4338	415	131
宁 夏	Ningxia	13854	217	404	6879	116	100
新 疆	Xinjiang	61810	14090	3797	25198	4082	811

6-39 历年水利

Completed Works of

年份 Year	水库总库容 /亿立方米 Total Storage Capacity of Reservoirs /$10^8 m^3$	耕地灌溉面积 /千公顷 Irrigated Area of Cultivated Land /10^3ha	除涝面积 /千公顷 Drained Area /10^3ha	发电装机容量 /千千瓦 Installed Capacity for Power Generation /10^3kW	排灌装机容量 /千千瓦 Installed Capacity of Irrigation and Drainage Works /10^3kW	供水能力 /万吨每日 Capacity of Water Supply /(10^4t/d)
1992	120.41	1215.23	836.43	2443.30	200.90	
1993	152.69	1105.52	772.57	3038.20	151.20	
1994	312.91	1171.57	963.29	5294.70	231.60	
1995	342.12	1334.10	853.54	6661.80	286.00	
1996	321.66	1182.93	805.55	6523.40	250.00	860.36
1997	348.99	1056.73	1066.81	7117.20	235.30	1811.81
1998	348.65	1364.77	1095.81	5200.60	471.10	2283.35
1999	310.27	1014.89	133.59	4620.50	215.10	965.60
2000	359.15	798.07	89.79	4090.10	271.60	3961.42
2001	113.48	572.73	173.03	2080.80	114.90	5891.73
2002	250.95	485.93	183.69	1672.30	240.10	2044.47
2003	386.26	820.14	105.09	2708.90	575.50	2478.45
2004	263.05	603.68	165.83	2388.20	64.60	2345.35
2005	317.93	543.64	157.93	2292.60	63.90	1246.36
2006	411.13	556.21	143.41	2133.15	54.87	1851.47
2007	209.42	1261.63	322.64	1532.84	79.45	1734.38
2008	162.59	1189.33	577.59	1846.30	119.66	1283.14
2009	269.80	1929.17	546.46	4267.36	305.15	2311.20
2010	196.28	1115.39	472.66	3791.69	283.66	1585.08
2011	178.80	1010.88	316.17	2068.93	2002.47	6432.39
2012	154.72	890.25	121.66	2574.70	307.71	2657.55
2013	91.23	872.13	221.86	4817.88	423.92	2071.43
2014	118.83	1044.64	315.43	3348.41	306.77	2473.63
2015	108.14	1160.50	276.06	4377.84	207.64	2283.06
2016	165.43	1282.11	392.93	4443.26	606.11	4461.47
2017	104.41	953.17	370.80	5383.35	715.90	2986.09
2018	178.48	1557.89	618.73	5989.23	814.76	3960.76
2019	165.25	1365.80	1030.42	2699.78	411.64	3769.37
2020	135.85	829.88	413.38	1700.61	1154.22	3291.95

建设施工规模
Water Projects by Year

改善灌溉面积 /千公顷 Improved Irrigated Area /10³ha	改善除涝面积 /千公顷 Drained Area /10³ha	新建及加固堤防 /千米 Newly-Built & Strengthened Embankment /km	水保治理面积 /千公顷 Recovered Area from Soil Erosion /10³ha	解决饮水困难人口 /万人 Population Access to Drinking Water /10⁴persons	饮水安全达标人口 /万人 Population with Safe Drinking Water /10⁴persons	节水灌溉面积 /千公顷 Water-Saving Irrigated Area /10³ha
678.60	680.71					
425.63	594.44					
517.28	313.48					
699.65	699.18					
1575.13	757.59					
1142.98	762.37					
1720.41	578.18					
2077.57	781.91	8478.08	1925.58	648.90		108.18
2565.22	1381.42	8437.96	1675.12	2139.88		195.79
1437.79	583.71	4695.94	1301.93	2406.42		351.48
1715.7	745.15	5667.73	2579.56	1226.59		262.53
1249.72	463.22	3653.70	1762.34	933.37		250.84
2244.32	678.08	5111.99	854.20		1562.82	488.97
1927.16	599.29	4895.22	783.51		2758.50	368.72
1849.77	1334.84	4273.42	1613.73		4088.10	254.76
2749.38	726.03	5002.74	2553.15		6715.80	343.85
3791.69	678.75	6362.94	1333.20		6574.41	411.17
4220.96	1597.80	10466.16	2641.66		5579.42	541.07
4871.41	817.81	11605.51	2041.65		7198.11	694.89
4466.52	656.19	11330.60	1616.08		6491.21	1268.60
4412.30	1212.26	12369.60	1844.20		6059.06	910.07
4339.14	742.17	10061.26	2188.80		7278.42	1156.48
5664.52	1285.66	17710.06	2758.03			1644.75
6058.58	1812.49	19108.54	2229.91			1878.35
9802.37	3340.07	15245.49	3916.04			2453.55
7303.70	2402.47	13237.70	4069.43			1350.20
5092.27	1098.69	11910.99	3228.00			620.96

6-40　2020 年水利建设

Completed Works of Water Projects

地区 Region		水库总库容 /亿立方米 Total Storage Capacity of Reservoirs /10^8m^3	耕地灌溉面积 /千公顷 Irrigated Area of Cultivated Land /10^3ha	除涝面积 /千公顷 Drained Area /10^3ha	发电装机容量 /千千瓦 Installed Capacity for Power Generation /10^3kW	排灌装机容量 /千千瓦 Installed Capacity of Irrigation and Drainage Works /10^3kW	供水能力 /万吨每日 Capacity of Water Supply /$(10^4t/d)$
合　计	**Total**	**135.85**	**829.88**	**413.38**	**1700.61**	**1154.22**	**3291.95**
北　京	Beijing						
天　津	Tianjin		0.001			0.80	78.53
河　北	Hebei	0.05	9.94	19.87	1.30	0.01	69.40
山　西	Shanxi	0.67	5.10		26.62	2.67	251.12
内蒙古	Inner Mongolia	0.93			3.30	2.40	48.17
辽　宁	Liaoning	0.51	1.30	29.19	2.10	0.31	40.65
吉　林	Jilin	1.00	0.12				4.57
黑龙江	Heilongjiang	1.64	12.65	3.81		10.28	13.45
上　海	Shanghai		0.62	2.00			
江　苏	Jiangsu	1.27	107.66	37.31	1.40	14.56	276.40
浙　江	Zhejiang	3.26	0.77	6.97	38.34	757.04	245.26
安　徽	Anhui	2.75	149.02	43.46	12.41	80.95	151.74
福　建	Fujian	6.79	44.10	27.65	196.60	4.56	234.38
江　西	Jiangxi	1.37	38.15	22.12	30.89	24.50	81.05
山　东	Shandong	0.28				1.30	106.81
河　南	Henan	2.35	38.89	29.17			68.70
湖　北	Hubei	6.03	78.96	39.16	90.45	20.58	15.53
湖　南	Hunan	0.34	24.60	21.03	29.02	86.03	52.29
广　东	Guangdong	1.37	10.68	85.09	79.00	18.68	200.84
广　西	Guangxi	3.70	22.12	1.58	7.96		226.19
海　南	Hainan	1.47	24.11	0.25			2.28
重　庆	Chongqing	3.86	10.07	0.11	40.99	1.74	105.67
四　川	Sichuan	1.66	43.55	3.47			55.97
贵　州	Guizhou	5.79	25.39	4.09	117.20	0.20	124.99
云　南	Yunnan	9.25	115.67	1.89	7.62		218.15
西　藏	Tibet	0.37	3.11				8.06
陕　西	Shaanxi	2.12	16.48	34.42	81.41	17.80	158.24
甘　肃	Gansu	0.43	28.79		5.40	109.51	69.01
青　海	Qinghai	0.01	2.46				4.55
宁　夏	Ningxia	0.47	9.63	0.75		0.12	119.01
新　疆	Xinjiang	76.11	5.92		928.60	0.20	260.96

施工规模（按地区分）

in 2020 (by Region)

改善灌溉面积 /千公顷 Improved Irrigated Area /10³ha	改善除涝面积 /千公顷 Drained Area /10³ha	新建及加固堤防 /千米 Newly-built & Strengthened Embankment /km	水保治理面积 /千公顷 Recovered Area from Soil Erosion /10³ha	节水灌溉面积 /千公顷 Water-saving Irrigated Area /10³ha
5092.27	**1098.69**	**11910.99**	**3228.00**	**620.96**
		31.14	32.32	0.68
4.63	63.12	1.50	1.22	3.02
219.73	8.87	270.90	154.59	4.34
84.35	0.13	941.23	93.69	17.18
27.86	26.00	538.58	171.09	0.68
116.39	15.03	256.51	37.15	1.31
16.63	0.13	391.22	2.22	
200.84	4.37	384.07	577.93	34.67
3.33	31.71	12.61	0.02	
304.92	322.99	739.13	58.20	158.20
33.41	13.05	579.16	21.51	6.64
128.68	98.19	1198.59	86.82	40.80
53.29	26.84	425.91	106.02	27.79
75.46	35.69	704.94	47.31	13.63
579.60	58.47	560.58	35.76	
202.09	38.99	311.57	23.34	77.16
123.33	109.32	685.89	50.47	18.76
75.96	72.25	333.13	54.80	8.50
187.01	94.28	462.17	45.35	14.13
107.62	1.64	251.61	586.20	10.69
9.04	0.01	67.66	8.32	0.01
50.34	1.61	306.63	70.33	4.41
158.60	17.23	345.23	104.00	12.52
22.12	1.55	134.81	60.98	20.58
165.48	5.55	908.86	61.31	17.65
11.08		312.66	60.60	0.25
367.86	20.83	378.27	162.12	88.84
138.01	0.89	704.82	81.98	6.68
14.03	0.35	277.77	327.47	5.55
341.89	23.09	58.88	42.70	0.55
1268.67	6.50	671.73	62.21	25.75

施工规模（按地区分）

年份 Year	水库总库容 /亿立方米 Total Storage Capacity of Reservoirs /10³m³	耕地灌溉面积 /千公顷 Irrigated Area of Cultivated Land /10³ha	除涝面积 /千公顷 Drained Area /10³ha	发电装机容量 /千千瓦 Installed Capacity for Power Generation /10³kW	排灌装机容量 /千千瓦 Installed Capacity of Irrigation and Drainage Works /10³kW	供水能力 /万吨每日 Capacity of Water Supply /(10⁴t/d)
1992	19.13	90.53	116.67	391.00	67.40	
1993	11.48	78.48	133.89	182.50	42.90	
1994	7.61	94.09	77.23	392.90	23.80	
1995	42.23	174.89	28.30	388.20	66.80	
1996	14.95	158.03	29.43	355.30	90.60	450.44
1997	11.86	94.61	89.65	719.80	28.10	145.12
1998	28.15	187.01	57.67	749.00	102.3	456.57
1999	46.61	198.23	42.83	885.60	19.40	82.84
2000	183.62	126.86	49.69	2139.10	21.90	529.80
2001	31.96	191.41	28.51	1317.40	34.80	2939.65
2002	29.19	156.47	171.29	543.10	89.20	281.64
2003	5.83	146.99	11.67	368.60	544.00	871.31
2004	12.86	252.11	71.99	725.80	20.80	530.81
2005	112.64	98.65	74.62	794.40	47.30	398.36
2006	267.39	139.45	55.46	1146.16	28.46	349.78
2007	55.71	314.09	206.89	754.18	59.78	488.23
2008	44.37	275.44	223.66	701.04	79.39	333.69
2009	50.96	550.52	286.11	912.68	89.77	740.58
2010	32.88	355.59	441.76	905.81	102.38	509.43
2011	48.54	470.26	284.13	566.30	1034.99	876.18
2012	26.81	466.63	96.97	988.60	168.06	985.68
2013	19.08	382.06	189.45	1903.28	128.31	819.56
2014	30.38	300.27	255.01	1846.76	261.45	934.66
2015	26.26	702.44	244.13	1534.06	133.94	778.88
2016	84.79	754.54	306.09	1558.56	228.75	3190.13
2017	29.44	544.17	230.37	2295.73	416.21	1999.21
2018	50.68	814.32	541.51	3207.81	252.15	1991.52
2019	29.26	995.07	391.40	900.96	293.06	2844.34
2020	44.55	474.10	287.13	674.85	246.28	2753.51

设新增效益

Projects Construction by Year

改善灌溉面积 /千公顷 Improved Irrigated Area /10³ha	改善除涝面积 /千公顷 Drained Area /10³ha	新建及加固堤防 /千米 Newly-built & Strengthened Embankment /km	水保治理面积 /千公顷 Recovered Area from Soil Erosion /10³ha	解决饮水困难人口 /万人 Population Access to Drinking Water /10⁴persons	饮水安全达标人口 /万人 Population with Safe Drinking Water /10⁴persons	节水灌溉面积 /千公顷 Water-saving Irrigated Area /10³ha
341.81	226.40					
219.92	419.77					
187.43	86.12					
251.04	309.10					
330.28	161.89					
283.51	140.24					
839.09	1279.70					
956.97	163.28	4545.91	1699.45	470.38		76.49
1484.52	529.17	5772.04	1118.41	1950.07		132.73
927.62	463.75	2693.61	1011.98	1245.44		245.81
1232.00	494.73	2918.24	1681.30	985.68		155.79
467.11	129.29	2246.61	1717.64	700.92		178.87
889.95	284.08	2726.91	635.29		1321.43	287.75
1121.20	383.39	2370.23	517.35		2478.28	310.37
1055.83	1015.16	1968.95	1261.41		2967.62	175.60
1845.54	449.49	2385.49	2090.95		5896.54	298.76
2230.19	477.20	3651.83	1041.65		6314.49	343.42
2061.10	1339.87	6900.63	2353.30		5151.23	424.31
3062.53	531.06	8265.39	1911.46		6761.47	615.19
2731.24	363.50	7441.02	1268.57		5696.34	1151.93
7371.00	2452.01	13678.22	2714.90		5580.84	728.61
3240.24	594.20	5824.10	2011.16		6708.63	1025.23
4505.97	996.96	8907.63	2346.34			1433.10
4914.00	1634.68	13678.22	1809.94			1504.56
7633.31	2767.23	11456.37	3487.43			2250.08
6195.17	1873.50	9317.64	3765.58			1054.57
4542.08	930.00	9091.47	2791.78			537.76

地区	Region	水库总库容 /亿立方米 Total Storage Capacity of Reservoirs /$10^8 m^3$	耕地灌溉面积 /千公顷 Irrigated Area of Cultivated Land /10^3ha	除涝面积 /千公顷 Drained Area /10^3ha	发电装机容量 /千千瓦 Installed Capacity for Power Generation /10^3kW	排灌装机容量 /千千瓦 Installed Capacity of Irrigation and Drainage Works /10^3kW	供水能力 /万吨每日 Capacity of Water Supply /(10^4t/d)
合 计	Total	44.55	474.10	287.13	674.85	246.28	2753.51
北 京	Beijing						
天 津	Tianjin		0.001			0.80	53.53
河 北	Hebei	0.05	8.02	19.87	1.30	0.01	69.57
山 西	Shanxi	0.57	2.81		16.20	2.67	61.60
内蒙古	Inner Mongolia						10.92
辽 宁	Liaoning	0.41	1.30	29.19	2.10		19.86
吉 林	Jilin	1.026	0.32		26.30		7.63
黑龙江	Heilongjiang	10.97	4.18	0.48			7.71
上 海	Shanghai		0.62	2.00			
江 苏	Jiangsu	0.03	23.52	17.56	0.07	13.77	247.20
浙 江	Zhejiang	0.60	0.08	5.78	20.94	31.44	291.83
安 徽	Anhui	5.08	94.36	60.36	12.41	72.69	184.79
福 建	Fujian	3.75	42.07	6.65	184.60	0.56	123.68
江 西	Jiangxi	0.89	31.00	14.69	30.32	21.50	69.94
山 东	Shandong	0.28				1.30	106.61
河 南	Henan	1.88	30.84	32.99			43.94
湖 北	Hubei	0.09	30.64	36.51	31.60	19.35	13.58
湖 南	Hunan	0.29	17.11	8.80	19.50	63.19	46.78
广 东	Guangdong	0.14	16.27	6.91	75.00	15.87	226.21
广 西	Guangxi	2.16	17.14	1.57	7.96		219.99
海 南	Hainan	0.07	2.08	0.21			0.28
重 庆	Chongqing	0.32	2.69	0.11	41.13	1.41	59.54
四 川	Sichuan	1.56	41.20	1.99			310.74
贵 州	Guizhou	6.02	38.66	4.19	131.20	0.80	182.59
云 南	Yunnan	2.05	35.40	2.09	0.86		89.12
西 藏	Tibet	0.254	3.37				6.32
陕 西	Shaanxi	2.00	16.45	34.42	56.75		93.57
甘 肃	Gansu	0.03	4.24		5.40	0.73	33.79
青 海	Qinghai	0.11					2.65
宁 夏	Ningxia	0.29	1.90	0.75			70.32
新 疆	Xinjiang	3.62	7.82		11.20	0.20	99.23

新增效益（按地区分）
Projects Construction in 2020 (by Region)

改善灌溉面积 /千公顷 Improved Irrigated Area /10³ha	改善除涝面积 /千公顷 Drained Area /10³ha	新建及加固堤防 /千米 Newly-built & Strengthened Embankment /km	水保治理面积 /千公顷 Recovered Area from Soil Erosion /10³ha	节水灌溉面积 /千公顷 Water-saving Irrigated Area /10³ha
4542.08	930.00	9091.47	2791.78	537.76
		38.82	25.64	0.68
4.63	63.12	21.19	1.22	3.02
220.67	2.67	276.77	154.28	4.21
57.23		370.07	87.05	7.05
22.70	26.00	161.12	128.41	6.08
113.59	15.03	230.70	36.90	1.05
14.26	0.13	219.49	1.90	
179.58		85.40	576.29	41.00
3.33	6.75	15.99	0.02	
304.87	323.44	545.58	56.45	161.20
18.38	19.77	593.96	21.46	7.53
118.68	119.78	500.67	86.28	58.80
48.73	23.79	366.35	105.10	26.16
65.48	36.27	560.18	47.29	6.02
534.03	50.41	497.37	35.76	
150.19	45.13	314.65	22.77	31.50
93.11	27.02	105.04	50.39	10.06
65.07	28.17	187.28	54.31	7.75
98.11	74.89	356.59	40.10	9.20
112.56	1.62	323.68	586.20	10.82
5.91		24.75	8.32	
43.56	0.28	159.77	59.49	3.83
355.35	17.32	361.15	100.68	14.86
21.60	1.77	149.61	60.96	20.01
111.66	5.46	490.22	55.24	16.70
9.77		273.23	41.88	0.18
376.30	21.77	619.96	159.68	52.84
97.45		337.52	75.73	6.68
25.16	0.35	196.23	44.32	4.13
333.03	12.58	41.63	42.67	0.55
937.10	6.50	666.52	24.97	25.85

主要统计指标解释

水利建设投资 指水利系统固定资产投资。主要包括水利系统基本建设投资、部分更新改造投资等，防洪岁修、小农水等财政投资未包括在内。

建设项目 指按照总体设计进行施工，由一个或若干个具有内在联系的工程组成的总体。基本建设项目指经批准在一个总体设计或初步设计范围内进行建设，经济上实行统一核算，行政上有独立的组织形式，实行统一管理的基本建设单位。

基本建设项目按规模分为大中型项目和小型项目，水利上基本建设项目大中型项目划分标准是：①水库，库容1亿立方米以上（包括1亿立方米，下同）；②灌溉面积，灌溉面积50万亩以上；③水电工程，发电装机5万千瓦以上；④其他水利工程，除国家指定外均不作为大中型项目。

建设阶段 指建设项目报告期所处的建设阶段，可分为以下几个阶段。

（1）筹建项目：指正在进行前期工作尚未正式施工的项目。

（2）施工项目：指报告期内开展过建筑或安装施工活动的项目。

（3）本年正式施工项目：指本年正式开展过建筑或安装活动的建设项目。

（4）本年新开工项目：指报告期内新开工的建设项目。

（5）本年续建项目：指本年以前已经正式开工，跨入本年继续进行建筑安装和购置活动的建设项目。

（6）建成投产项目：指报告期内按设计文件规定建成主体工程和相应配套的辅助设施，形成生产能力或工程效益，经过验收合格，并且已正式投入生产或交付使用的建设项目。

（7）本年收尾项目：指以前年度已经全部建成投入生产或交付使用，但尚有少量不影响正常生产和使用的辅助工程或生产性工程在报告期继续施工的项目。

（8）停缓建项目：指根据国民经济宏观调控及其他原因，经有关部门批准停止建设或近期内不再建设的项目。停缓建项目分为全部停缓建项目和部分停缓建项目。

1）全部停缓建项目是指经有关部门批准不再建设或短期内整个项目停止建设的项目。

2）部分停缓建项目是指建设项目仍在施工，但其中的部分单项工程经有关部门批准停止或近期内不再建设并已停止施工的项目。报告期部分停缓建项目仍应作为施工项目统计。

（9）全部竣工项目：指整个建设项目按设计文件规定的主体工程和辅助、附属工程全部建成，并已正式验收移交生产或使用部门的项目。

建设性质 基本建设项目的建设性质根据整个建设项目的情况确定，分为以下几种。

（1）新建：一般是指从无到有、"平地起家"开始建设的项目。

（2）扩建：指为扩大原有产品的生产能力（或效益）或增加新的产品生产能力而增建的项目。

（3）改建：指对原有设施进行技术改造或更新的项目。

（4）单纯建造生活设施：指在不扩建、改建生产性工程和业务用房的情况下，单纯建造生活设施的项目。

（5）迁建：指为改变生产力布局或由于城市环境保护和安全生产的需要等原因而搬迁到另地建设的工程。

（6）恢复：指因自然灾害、战争等原因，使原有的固定资产全部或部分报废，以后又投资恢复建设的项目。

（7）单纯购置：指现有企业、事业、行政单位单纯购置不需要安装的设备、工具、器具，而不进行工程建设的项目。

隶属关系 基本建设项目按建设单位直属或主管上级机关确定。

隶属关系分为中央、省（自治区、直辖市）、地区（州、盟、省辖市）、县（旗、县级市、市辖区）和其他五大类。

（1）中央：指中共中央、人大常委会和国务院各部、委、局、总公司以及直属机构直接领导和管理的基本建设项目和企业、事业、行政单位。这些单位的固定资产投资计划由国务院各部门直接编制和下达，建设中所需要的统配物资和主要设备以及建设中的问题都由中央有关部门安排和解决。

（2）省（自治区、直辖市）：由省（自治区、直辖市）政府及业务主管部门直接领导和管理的基本建设项目和企业、事业、行政单位。

（3）地区（州、盟、省辖市）：由地区、自治州、盟、省辖市直接领导和管理的基本建设项目和企业、事业、行政单位。

（4）县（旗、县级市、市辖区）：由县、自治旗、县级市、市辖区直接领导和管理的基本建设项目和企业、

事业、行政单位。

（5）其他：不隶属以上各级政府及主管部门的建设项目和企业、事业单位，如外商投资企业和无主管部门的企业等。

Explanatory Notes of Main Statistical Indicators

Investment for water project construction Investment of fixed assets in the water sector, which mainly refers to the investment of basic water infrastructures and some rehabilitation projects, but excluding annual maintenance of flood control works and financial allocation to small irrigation, drainage and rural water supply schemes.

Construction project A project, enclosing one or more interdependent components, is implemented in accordance with overall design. Capital construction project refers to the approved scheme constructed according to overall design or within the scope of preliminary design, which is under one accounting system and unified management, and has an independent organization.

Capital construction project can be divided into large or medium project and small project according to its scale. The criteria of identifying large and medium water projects are: ① reservoir, installed capacity is over 100 million m³ (including 100 million m³, hereinafter the same); ② irrigated area, irrigated area is over 500 thousand mu; ③ hydropower project, installed capacity is over 50,000 kW; ④ other water projects, specially designated by the state.

Construction phrase It refers to stages of project construction during the period of report. The projects are divided as following in accordance with construction phases:

(1) Preparation: the project that is conducting preparatory work and has not formally been constructed.

(2) Construction project: the project that is under construction or installation during the report period.

(3) Construction project of the year: the project that has formally started construction or installation in the statistical year.

(4) Newly started project of the year: the construction project that is newly initiated in the statistical year.

(5) Continued project of the year: the project that has formally started and continued construction, installation and purchase activities in the statistical year.

(6) Completed investment project: key parts of the project and supporting facilities have passed check and acceptance and been formally put into operation or use in the statistical period.

(7) Nearly-completed project of the year: the project has completed construction and placed into operation, but several supporting facilities that do not affect the normal production and utilization continue to be constructed in the statistical period.

(8) Stopped or postponed project: the project is being asked to stop or postpone due to national macroeconomic regulation and control or other reasons with the approval of relevant department. The stopped or postponed projects can be divided into completely stopped or postponed project and partially stopped or postponed project.

1) Complete stopped or postponed project refers to the project that no longer constructed or will not be constructed in a short period of time, according to the approved of the relevant department.

2) Partial stopped or postponed project refers to the project that still under construction, but part of the project is no longer constructed or will not be constructed in a short period of time, according to the approval of the relevant department. Stopped or postponed project should be included in the statistical data as construction project.

(9) Fully-completed project: the project that has completed the key parts and supporting facilities of the project according to the design, and has passed check and acceptance and transferred to production or user for operation.

Construction type The types of infrastructures are identified and divided based on features of the constructed project:

(1) Newly-constructed project: It refers to the project being constructed by a newly-established enterprise, non-governmental agency, governmental agency or independent organ.

(2) Expanded construction: It refers to the project in order to expand the existing production capacity (or benefit) or production capacity of new product.

(3) Rehabilitation project: It refers to the project of an enterprise or non-governmental agency conducting technical rehabilitation or re-modernization.

(4) Construction of living facilities: It refers to the project of projects without expansion or rehabilitation of existed production or office buildings.

(5) Relocated construction: It refers to the relocation of projects to other places due to the change of production pattern, requirement of urban environment protection or safe production.

(6) Recovery construction: It refers to the project of an project to make investment on recovery construction because of natural disaster or war that completely or partially destroys its fixed assets.

(7) Procurement only: It refers to the project of an enterprise, non-governmental agency or governmental agency to purchases equipment, tool or instrument only, without installation or construction.

Administrative subordination of project Capital construction project is divided into groups according to the administrative region of the organization in charge of the project.

Five categories are formed on the basis of administrative regions of the project: Central Government, province (autonomous region, municipality directly under the central government), prefecture (autonomous district, municipality directly under the provincial government), county (autonomous county, county-level municipality) and others.

(1) Central Government project: It refers to capital

construction project, enterprise, non-governmental agency or governmental agency directly under administration or management of the Central Committee of Chinese Communist Party, Standing Committee of Chinese People's Congress, or ministries, commissions, bureaus under the State Council and parent companies. The investment plan of fixed assets of these entities are directly worked out and transmitted by the relevant departments under the State Council; allocated materials or equipment for construction are arranged by the relevant Central Government departments.

(2) Province (autonomous region, municipality directly under the central government) project: It refers to capital construction project, enterprise, non-governmental agency or governmental agency directly under administration and management of provincial governments (autonomous region, municipality directly under the central government) or competent department directly in charge.

(3) Prefecture (autonomous district, municipality directly under the provincial government) project: It refers to capital construction project, enterprise, non-governmental agency or governmental agency directly under administration and management of government of prefecture, autonomous district or municipality directly under the provincial government.

(4) County (autonomous county, county-level municipality) project: It refers to capital construction project, enterprise, non-governmental agency or governmental angecy directly under administration and management of government of county, autonomous county or county-level city.

(5) Others: It refers to capital construction project, enterprise, non-governmental agency or governmental agency outside the scope of administration and management of government agencies mentioned above, such as foreign investment enterprise or enterprise without supervised agency.

7 农村水电

Rural Hydropower

简　要　说　明

农村水电统计资料主要包括小水电站和设备建设情况、水力发电设备容量和发电容量、输变配电设备情况等。主要按地区分组汇总。

自2008年起农村水电电站由以往水利系统水电变更为装机5万千瓦及5万千瓦以下水电。

2008年以前水利系统水电统计包括水利系统综合利用枢纽电站数据等。

2016年始，由于报表制度调整，农村水电电网供电和农村水电的县通电情况等不纳入统计；2018年始，不再统计年末输变配电设备。

Brief Introduction

Statistical data of rural hydropower development mainly includes construction of small hydropower stations and utilities, installed capacity and output of hydropower generating units, electricity transmission and distribution facilities, etc. The data is divided into groups according to the region.

The data of rural hydropower development is collected on the basis of installed capacity of hydropower at 50,000 kW and below 50,000 kW since 2008.

The data collected before 2008 includes multi-purpose dam projects.

Electricity supply of rural power network and counties with electricity generated by hydropower has not been included in the statistics since 2016. Installed power transmission and distribution equipment at the end of the year has not been included in the statistics since 2018.

7-1　历年农村水电装机容量及年发电量

Installed Capacity and Power Generation of Rural Hydropower by Year

年份 Year	农村水电装机容量 /千瓦 Installed Capacity of Rural Hydropower /kW	农村水电年发电量 /万千瓦时 Annual Electricity Generation of Rural Hydropower /10^4 kWh	农村水电新增装机容量 /千瓦 Newly-increased Installed Capacity /kW
2004	34661348	9779541	3591322
2005	38534445	12090340	4127272
2006	43183551	13612942	5459520
2007	47388997	14370080	4593193
2008	51274371	16275901	4194106
2009	55121211	15672470	3807072
2010	59240191	20444258	3793551
2011	62123430	17566867	3277465
2012	65686071	21729246	3399616
2013	71186268	22327711	2460601
2014	73221047	22814929	2553873
2015	75829591	23512813	2412664
2016	77910629	26821937	2032270
2017	79269995	24772495	1353020
2018	80435263	23456083	1643058
2019	81441588	25331502	1071975
2020	81338072	24236893	806662

注　2013 年农村水电统计数据与全国第一次水利普查数据进行了校核。

Note　Statistical data of rural hydropower in 2013 is checked in accordance with the First National Census on Water.

7-2 2020 年农村水电装机容量及年发电量（按地区分）

Installed Capacity and Power Generation of Rural Hydropower in 2020 (by Region)

地区	Region	农村水电装机容量 /千瓦 Installed Capacity of Rural Hydropower /kW	农村水电年发电量 /万千瓦时 Annual Electricity Generation of Rural Hydropower /10⁴ kWh	农村水电新增装机容量 /千瓦 Newly-increased Installed Capacity /kW
合　计	**Total**	**81338072**	**24236893**	**806662**
北　京	Beijing	22219	790	
天　津	Tianjin	5800	1185	
河　北	Hebei	404703	56629	1300
山　西	Shanxi	208801	31216	1600
内 蒙 古	Inner Mongolia	94770	20658	
辽　宁	Liaoning	471090	97359	
吉　林	Jilin	620475	191139	6000
黑 龙 江	Heilongjiang	402780	139720	
江　苏	Jiangsu	38355	4716	
浙　江	Zhejiang	4114718	819774	60685
安　徽	Anhui	1149168	288225	27600
福　建	Fujian	7298777	1642428	18655
江　西	Jiangxi	3510103	891421	8495
山　东	Shandong	86322	6857	480
河　南	Henan	512037	84692	3140
湖　北	Hubei	3919450	1197363	11603
湖　南	Hunan	6315352	1947753	84604
广　东	Guangdong	7732510	1576566	65265
广　西	Guangxi	4647481	1439877	28045
海　南	Hainan	498870	110594	6215
重　庆	Chongqing	3019753	870557	111875
四　川	Sichuan	11474986	4405264	-22560
贵　州	Guizhou	3695163	1326471	161355
云　南	Yunnan	12673410	3840865	106725
西　藏	Tibet	421714	107191	
陕　西	Shaanxi	1728666	529259	102980
甘　肃	Gansu	2879028	1202732	1300
青　海	Qinghai	1084235	563671	3000
宁　夏	Ningxia	6240	710	
新　疆	Xinjiang	1748421	658153	18300
新疆生产 建设兵团	Xinjiang Production and Construction Corps	430975	146069	
部 直 属	Organization Directly under the Ministry	121700	36989	

7-3 历年年末输变配电设备

Installed Power Transmission and Distribution Equipment at the End of the Year by Year

年份 Year	变电所总容量 /千伏安 Total Storage Capacity of Switchyard /kVA	变压器总容量 /千伏安 Total Storage Capacity of Transformer /kVA	高压线路 /千米 High-pressure Transmission Line /km	低压线路 /千米 Low-pressure Transmission Line /km
2002	50779480	58628453	1020018	2158102
2003	54580398	61844457	1082549	2334065
2004	63583050	67770640	1110746	2470468
2005	70161609	71325744	1119668	2490911
2006	30403474	29645661	476642	965547
2007	41942477	39162242	609663	1321037
2008	42121613	37266114	563907	1260067
2009	42465559	34629678	515040	1116782
2010	48378124	37083012	540715	1152621
2011	52798271	37431610	534737	1108602
2012	49104574	36155250	510633	1155394
2013	54242934	40383122	531871	1202218
2014	49372795	41496064	491765	1124543
2015	49818716	43016152	485786	1110845
2016	60857078	49709565	404455	725762
2017	63434297	51274852	415655	776391

7-4 历年新增输变配电设备

Newly-increased Power Transmission and Distribution Equipment by Year

年份 Year	变电所总容量 /千伏安 Total Storage Capacity of Switchyard /kVA	变压器总容量 /千伏安 Total Storage Capacity of Transformer /kVA	高压线路 /千米 High-pressure Transmission Line /km	低压线路 /千米 Low-pressure Transmission Line /km
2002	5642849	5362828	75801	260248
2003	6623092	5821911	80241	178433
2004	9819672	7682270	57380	312806
2005	8327685	6294266	43492	58650
2006	3875365	4193753	19872	77041
2007	5227365	3199561	23204	69539
2008	6051940	2195958	21749	116773
2009	5842525	2717898	26318	44557
2010	5913300	2984107	34020	81892
2011	7798387	3492278	33210	28179
2012	4034821	2572882	15556	34248
2013	6010195	4426062	24902	42523
2014	4460596	5379577	27707	37693
2015	4717816	4549311	16604	30058
2016	4968430	5953203	17115	31991
2017	4135749	3185347	24399	71846

7-5　历年农村水电电网供电情况

Electricity Supply of Rural Power Network by Year

年份 Year	网内发电设备容量 /千瓦 Storage Capacity of Generation Equipment /kW	网内发电量 /万千瓦时 Power Generation /10⁴kWh	厂用电量 /万千瓦时 Electricity Used by Power Plant /10⁴kWh	售电量 /万千瓦时 Electricity Sale /10⁴kWh	购入网外电量 /万千瓦时 Off-grid Procurement of Electricity /10⁴kWh	输出网外电量 /万千瓦时 Sale of Electricity to other Grids /10⁴kWh
2003	19665229	7018970	170814	10725979	5150140	1980698
2004	21427078	7318308	197545	12011519	6011657	2023133
2005	19179004	6988869	151286	10662175	4865026	2024130
2006	14510485	5235694	104777	8152497	3776703	1707433
2007	16851722	5917131	105143	9334458	4323730	2122614
2008	9482546	5898658	109533	9437153	3735951	1321324
2009	8038590	3905598	99262	7392290	3941988	898184
2010	8324694	4873957	73797	8795146	179935	998791
2011	15947576	5164218	80822	9351381	5012174	1223749
2012	10372392	6184473	108900	11186815	5840687	1705095
2013	18582052	6332882	102442	12097288	6716591	2173555
2014	9988310	5348414	57717	10562712	5272015	2536073
2015	9408566	5585158	56156	9844554	4934788	1441345

7-6 历年有农村水电的县通电情况

Counties with Electricity Generated by Hydropower by Year

年份 Year	乡（镇）Township (Town)		居民 Residents		
	行政区划数 /个 Administrative Regions /unit	农村水电网联网乡（镇） /个 Townships Connected with Rural Electrification Network/unit	总户数 /户 Total Household /household	户通电率 /% Percentage of Household Access to Electricity /%	无电人口 /人 Population Without Access to Electricity /person
2003	26704	10141	182856700	98.44	8171995
2004	25886	10269	187390297	98.85	6572018
2005	25201	8488	188151249	99.14	5356596
2006	24343		194455879	99.30	
2007	23936		198154188	99.48	
2008	24269	5793	207980548	99.60	3080048
2009	24071	5048	211655947	99.69	2280140
2010	24039	4625	213874537	99.75	1947594
2011	24290	4962	214692370	99.74	2114089
2012	24259	5238	216934295	99.83	1555275
2013	24297	5245	222024353	99.89	1089860
2014	24304	4912	222818690	99.90	961006
2015	24192	4788	229489919	100.00	

7-7 历年农村水电完成投资情况

Completed Investment for Electricity Supply by Rural Power Network and by Year

单位：万元　　　　　　　　　　　　　　　　　　　　　　　　　　　　　　　　unit: 10^4yuan

年份 Year	本年完成投资 Completed Investment	按投资项目分 Investment Project	
		水电站完成投资 Completed Investment of Hydropower Stations	电网完成投资 Completed Investment of Powernetwork
2004	3770733	2395294	748682
2005	4542611	2886399	825960
2006	5527074	3285663	549537
2007	5227667	3150741	445008
2008	4568885	3100831	433642
2009	4563241	2552378	462314
2010	4398453	2297360	603041
2011	4243988	2350049	590677
2012	3671548	2384853	501288
2013	3457047	1981562	649457
2014	3171306	2542329	628977
2015	3082736	2442739	639997
2016	2493935	1647883	846052
2017	1999937	1447422	552516
2018	1000907	193776	125445
2019	709753	709753	
2020	585684	585684	

注　由于统计制度变化，自2014年起"完成投资"统计项只包括装机5万千瓦及5万千瓦以下的水电站及其配套电网的投资资金。

Note　Due to changes in the statistical system, the data of "completed investment" only includes investment and fundings for hydropower stations with installed capacity at and below 50,000 kW and their supporting powernetwork since 2014.

7-8 2020年各地区农村水电完成投资情况（按地区分）

Completed Investment for Electricity Supply by Rural Power Network in 2020 (by Region)

单位：万元 　　　　　　　　　　　　　　　　　　　　　　　　　　　　　unit: 10⁴yuan

地区	Region	本年完成投资 Completed Investment	按资金来源分 Financial Resources			
			中央财政资金 Central Government Fundings	地方财政资金 Local Government Fundings	银行贷款 Bank Loan	其他 Others
合　计	**Total**	**585683.96**	**70940.82**	**13774.31**	**151583.30**	**349385.53**
北　京	Beijing					
天　津	Tianjin					
河　北	Hebei	366.36	36.00	285.00		45.36
山　西	Shanxi	2057.50	108.00	1930.00		19.50
内 蒙 古	Inner Mongolia					
辽　宁	Liaoning	49.00				49.00
吉　林	Jilin	21684.61				21684.61
黑 龙 江	Heilongjiang					
江　苏	Jiangsu	271.22		271.22		
浙　江	Zhejiang	49500.90	530.00	1270.07	3394.83	44306.00
安　徽	Anhui	3804.39	154.30	374.30		3275.79
福　建	Fujian	150.00				150.00
江　西	Jiangxi	1410.60	558.50			852.10
山　东	Shandong					
河　南	Henan	2475.00	697.00			1778.00
湖　北	Hubei	57139.63	13016.18	486.00	12428.00	31209.45
湖　南	Hunan	37358.00	5248.00	267.00	10442.00	21401.00
广　东	Guangdong	7130.23	1142.00	2258.76		3729.47
广　西	Guangxi	54925.54	16066.00	2581.56	27862.00	8415.98
海　南	Hainan	5900.00				5900.00
重　庆	Chongqing	22472.40	9593.00	167.40		12712.00
四　川	Sichuan	30481.68	3715.84	566.00	5621.84	20578.00
贵　州	Guizhou	90876.00	18463.00	1300.00	8000.00	63113.00
云　南	Yunnan	28037.27	1583.00	2017.00	18342.00	6095.27
西　藏	Tibet					
陕　西	Shaanxi	153450.63			52831.63	100619.00
甘　肃	Gansu	482.00	30.00			452.00
青　海	Qinghai					
宁　夏	Ningxia					
新　疆	Xinjiang	15661.00			12661.00	3000.00
新疆生产建设兵团	Xinjiang Production and Construction Corps					
部 直 属	Organization Directly under the Ministry					

主要统计指标解释

农村水电 以小水电站为主体，直接为农村经济社会发展服务的水电站及供电网络。

发电量 电厂（发电机组）在报告期内生产的电能量。

售电量 电力企业出售给用户或其他电力企业的用于消费或生产的电量。

Explanatory Notes of Main Statistical Indicators

Rural hydropower It refers to hydropower stations and power supply networks that directly serve for social and economic development in rural areas, and most of which are small hydropower stations.

Power generation Electricity produced by power plants (electricity generating units) in the report period.

Electricity sale The quantity of electricity sold by electricity enterprises to the users or other electricity enterprises for consumption.

8　水文站网

Hydrological Network

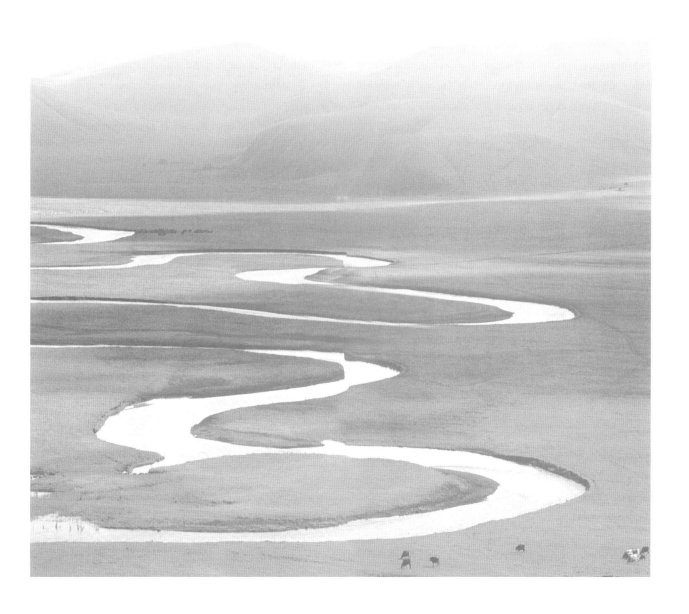

简 要 说 明

水文站网主要按水文测站类别、监测方式、观测项目类别分类分别统计水文站、水位站、雨量站、地下水站、水质站、墒情站等水文测站的情况，以及从业人员和经费等。

本部分资料按流域所属机构和地区分组。历史资料汇总 1949 年至今数据。

1. 水文测站类别包括水文站、水位站、雨量站、蒸发站、地下水站、水质站、墒情站、实验站。

2. 监测方式包括驻测、巡测、巡驻结合、间测、人工观测/监测、自动监测、委托观测等。

3. 观测项目类别包括流量、水位、泥沙、降水量、蒸发、比降、冰情、水温、地下水、地表水水质、水生态、墒情、水文调查、辅助气象等。

Brief Introduction

Hydrological network is classified according to the types of hydrological measurement stations, monitoring methods and measuring items, and is used to collect data of hydrological stations, gauging stations, precipitation stations, groundwater monitoring stations, water quality stations and moisture stations, as well as working staff and expenses.

The data is divided into several groups based on organization and region where river basin is located. Historical data is collected from 1949 to present.

1. The types of hydrological measurement stations includes hydrological station, gauging station, precipitation station, evaporation station, groundwater monitoring station, water quality station, moisture station, experiment station.

2. Monitoring methods include perennial stationary gauging, tour gauging, stationary and mobile gauging, interval gauging, manual observation/monitoring, automatic gauging and contract gauging.

3. Measuring items include flow, water level, sediment, precipitation, evaporation, gradient, ice condition, water temperature, groundwater/surface water quality, water ecology, moisture, hydrologic investigation, auxiliary meteorology and so on.

8-1　历年水文站网、职工人数和经费

Hydrological Network, Employees and Expenses by Year

年份 Year	水文站网/处 Hydrological Network/unit								报汛站 /处 Hydrometric Station /unit	职工人数 /人 Number of Employee /person	经费/万元 Expenses/10^4 yuan	
	水文站 Hydrological Station	水位站 Gauging Station	雨量站 Precipitation Station	蒸发站 Evaporation Station	墒情站 Soil Moisture Station	地下水站 Ground water Station	水质站 Water Quality Station	实验站 Experiment Station			事业费 Operating Expenses	基建费 Cost of Construction
1949	148	203	2							756	1.9	
1950	419	425	234					1	386	1892	68.9	
1951	796	701	1145					8	685	4208	388.7	
1952	933	831	1554					3	875	5811	550.7	
1953	1059	1006	1754					8	1173	7292	813.8	
1954	1229	1132	1973					9	1652	8589	1134.5	
1955	1396	1205	2337					11	1962	10312	1581.1	
1956	1769	1449	3371					24	2251	13952	2156.8	
1957	2023	1500	3695					41	2778	14167	2304.8	
1958	2766	1308	5494					132	3548		2174.6	
1959	2995	1338	5487					282	4922	16861	2322.5	
1960	3611	1404	5684					318	6013	16867	2470.3	
1961	3402	1252	5587					149	5102	17266	1740.1	
1962	2842	1199	5980					104	5049	15524	1909.4	
1963	2664	1096	6178					96	5051	16862	1881.0	
1964	2692	1116	7252					90	5058	19424	2064.7	
1965	2751	1129	7909					88		19520	2022.0	
1966	2883	1155	10280					49	4838	18369	3174.8	470.4
1967	2681	1127	9477					82	6133	18272	2881.5	269.0
1968	2559	1048	9500					67	5403	18405	2638.3	221.7
1969	2579	1101	10173					32	5390	17661	2846.8	194.9
1970	2663	1144	10154					37	5501	16866	2874.0	229.7
1971	2727	1191	10486					38	6294	17038	2837.7	343.8
1972	2674	1071	10356					62	5576	17516	3200.0	443.1
1973	2690	1329	10447			1322	134	52	6629	17902	2824.2	671.5
1974	2778	1349	11416			3702	80	31	6110	18170	2886.0	812.3
1975	2840	1196	10738			7681	520	24	6949	19180	3193.9	869.3
1976	2882	1336	11855			6858	663	29	8563	19981	3432.3	1215.0
1977	2917	1326	12817				609	26	8369	20886	3661.5	1118.5

注　1. 表中 1949—1965 年经费统计为事业费和基建费之和。

　　2. 1958—1964 年实验站数的统计中均包括了部分径流站。

　　3. 1960 年水文站数为年报统计数，偏大。经查核，水文年鉴刊布有流量资料的为 3365 站，年报数仅供参考。

　　4. 1957—1965 年测站数中包括水利（电）勘测部门的站。

　　5. 1959—1965 年水文职工数中包括水利（电）勘测部门的水文工作人员。

　　6. 水文站数据含外部门管理的处数。

Notes　1. No separate statistical data of operating expenses and cost of construction are given for the data during 1949-1965.

　　2. The statistics of experiment stations during 1958-1964 includes only some runoff stations.

　　3. The number of hydrological stations in 1960 is estimated based on the Annual Report. After recheck, the stations with runoff data in the Hydrology Year book are 3,365 and the data of Annual Report is for reference only.

　　4. Observation stations during 1957-1965 include stations under water (power) reconnaissance and design institutions.

　　5. Employees of hydrological stations during 1959-1965 include hydrological engineers and workers in water (power) reconnaissance and design institutions.

　　6. Hydrological stations include those under the management of others despite of water department.

8-1 续表 continued

年份 Year	水文站网/处 Hydrological Network/unit								报汛站 /处 Hydrometric Station /unit	职工人数 /人 Number of Employee /person	经费/万元 Expenses/10⁴ yuan	
	水文站 Hydrological Station	水位站 Gauging Station	雨量站 Precipitation Station	蒸发站 Evaporation Station	墒情站 Soil Moisture Station	地下水监测站 Groundwater Monitoring Station	水质站 Water Quality Station	实验站 Experiment Station			事业费 Operating Expenses	基建费 Cost of Construction
1978	2922	1320	13309			11326	758	33	9010	21571	4293.7	1413.4
1979	3034	1202	14424			12992	681	45	8265	22856	7432.3	1889.1
1980	3294	1320	15732			16112	747	53	8731	24374	7562.1	1701.7
1981	3341	1317	15969			13343	848	57	8646	26240	7805.1	1085.2
1982	3401	1373	16437				1209	60	8369	27076	8182.9	1374.2
1983	3418	1413	16545			12487	1024	60	8401	27744	8621.0	1677.7
1984	3396	1425	16734			12134	977	63	8418	28316	9942.0	1669.0
1985	3384	1420	16406			12188	1011	63	8381	28426	10910.9	1959.9
1986	3400	1380	16697			11893	1648	58	8583	28549	12581.9	2405.7
1987	3397	1316	16448			11880	1946	56	8539	28793	12863.8	2447.5
1988	3450	1263	16273			13948	1846	64	8843	28516	14201.0	2715.3
1989	3269	1258	15605					58	8617	28257	15583.4	2645.6
1990	3265	1178	15602				2052	61	8604	28065	17233.2	4189.7
1991	3238	1201	15356			13523	2113	60	8482	28211	21285.0	5378.4
1992	3172	1149	15368			11400	2327	56	8525	28202	22725.8	6476.0
1993	3099	1156	15505					48	7485	27439	23981.0	6469.3
1994	3090	1148	14202			11807	1944	66	7423	27278	34160.9	7729.7
1995	3039	1158	14613			11518	1839	69	7165	26404	35347.0	11312.0
1996	3006	1107	14158			11179	2401	61	6987	26555	36321.0	12744.7
1997	3040	1093	14191			10874	2572	128	7296	26118	40386.3	14049.7
1998	3683	1084	13910			11509	2694	129	7484	25929	64311.5	15372.1
1999	3657	1079	13855			11528	2753	125	7584	25238	63628.5	15115.7
2000	3124	1093	14242			11768	2861	81	7559	25146	78514.3	24346.4
2001	3146	1084	14337			11786	3025	75	7716	25180	90125.6	30209.0
2002	3130	1073	14454			11620	3228	74	7893	25436	114414.0	31307.0
2003	3158	1135	14196			12116	3695	80	7648	25640	139392.0	26230.0
2004	3182	1134	14108			11757	3946	70	7595	25906	133830.0	31515.0
2005	3191	1160	14373			12313	4557	69	7815	26133	152446.0	22673.0
2006	3183	1180	13866	13		12598	5140	78	8220	26654	170812.0	45421.0
2007	3162	1221	14211	17		12551	5468	90	8561	26237	199286.0	43031.0
2008	3171	1244	14602	17		12683	5668	51	9678	26480	237430.0	56371.0
2009	3183	1407	15750	11	780	12522	6097	49	10294	26438	283268.0	59182.0
2010	3193	1467	17245	12	1182	12991	6535	57	12786	26366	295179.0	75445.0
2011	3219	1523	19082	19	1648	13489	7750	53	12444	26270	366162.0	338178.0
2012	3592	5317	35637	11	1808	13726	10030	58	16469	26211	394928.0	381950.0
2013	4011	9330	43028	14	1912	16407	11795	57	24518	26236	455736.0	404537.0
2014	4882	9890	46980	21	1927	16990	12869	58	43539	25856	534921.0	243395.0
2015	5706	11180	49403	14	1856	16800	14560	56	45863	25827	564076.0	257923.0
2016	6766	12591	51084	14	1989	16967	14499	52	51596	25570	607308.0	145483.0
2017	7102	13579	54477	19	2751	19147	16123	47	59104	25647	701768.0	88868.0
2018	7253	13625	55413	19	3908	26550	14286	43	66439	25622	765582.0	100460.0
2019	7645	15294	53908	12	3961	26020	12712	56	66956	25462	840839.0	129179.0
2020	7757	16068	53392	8	4218	27448	10962	61	71177	25416	819318.0	140744.0

8-2　2020 年水文站网（按地区分）
Hydrological Network in 2020 (by Region)

单位：处　　unit: unit

地区 Region	Region	合计 Total	国家基本水文站 National Basic Hydrological Station												非水文部门管理的国家基本水文站 International Basic Hydrological Station Managed by Non-hydrological Departments
			水文部门管理国家基本水文站 Basic Hydrological Station Managed by Hydrological Department												
			合计 Total	测量水体 Installed Position					监测方式 Observating Model			其中：间测站 Among Which: Gauging Station for Interval Measurement	其中：委托观测站 Among Which: Contracted Observation Station	其中：自动监测站 Among Which: Automatic Monitoring Station	
				河道 River Course	水库 Reservoir	湖泊 Lake	感潮 Lake Flow	渠道 Canal	驻测站 Staff Gauge Station	巡测站 Mobile Gauging Station without Permanent Staff	巡驻结合 Stationary and Mobile Gauging				
合　计	**Total**	**3265**	**3191**	**2705**	**217**	**28**	**83**	**158**	**1768**	**780**	**643**	**106**	**223**	**701**	**74**
北　京	Beijing	61	61	43	18				43	18				43	61
天　津	Tianjin	29	23	21			2		18	5					6
河　北	Hebei	136	135	113	20	2						135			1
山　西	Shanxi	68	67	57	10				67					67	1
内蒙古	Inner Mongolia	148	143	142	1				143					1	5
辽　宁	Liaoning	121	100	99	1						100	2		14	21
吉　林	Jilin	108	108	102	6						108				
黑龙江	Heilongjiang	120	120	110	10				46	47	27	3	34		
上　海	Shanghai	8	8				8		2	6				8	
江　苏	Jiangsu	154	154	43	6		33	72	139	15			30		4
浙　江	Zhejiang	95	87	85			2		73	9	5		30	95	8
安　徽	Anhui	112	105	89	10	1	3	2	59	4	42	5		30	7
福　建	Fujian	57	55	54	1				55					54	2
江　西	Jiangxi	119	119	119					52	55	12			28	
山　东	Shandong	157	157	92	38			27	101	33	23	12	4	11	
河　南	Henan	128	126	87	25			14	88	38				18	2
湖　北	Hubei	93	93	62	11			20	58	35		3	5	5	
湖　南	Hunan	113	113	112	1				86	27				17	
广　东	Guangdong	83	77	70	4		3		34	28	15	1	10	27	6
广　西	Guangxi	138	138	135	2		1		50	88		14		60	
海　南	Hainan	13	13	11	2				13						
重　庆	Chongqing	31	31	31					22	9				9	
四　川	Sichuan	141	141	141					17	104	20	16			
贵　州	Guizhou	105	105	105					41	52	12		52	26	
云　南	Yunnan	179	179	169	4	6			64	37	78	1	12	40	
西　藏	Tibet	48	48	47		1			25	19	4		23	6	
陕　西	Shaanxi	81	81	81					81					18	
甘　肃	Gansu	94	94	82	12				71	7	16	7	10	4	
青　海	Qinghai	36	36	35	1				34	2				6	
宁　夏	Ningxia	39	29	17				12		27	2			16	10
新　疆	Xinjiang	128	128	119	6			3	104	13	11			9	
新疆生产建设兵团	Xinjiang Production and Construction Corps	18	18	10	6			2	15	3					
长江委	Yangtze River Water Resources Commission	121	121	74	20	17	9	1	29	67	25	12		10	
黄　委	Yellow River Water Resources Commission	121	118	118					113	5				28	3
淮　委	Huaihe River Water Resources Commission	1	1	1					1						
海　委	Haihe River Water Resources Commission	15	15	8	3			4	13	2					
珠江委	Pearl River Water Resources Commission	28	28	7			21		8	20				21	
松辽委	Songliao River Water Resources Commission	10	8	8							8				2
太湖局	Taihu Basin Authority	8	8	6			1	1	3	5				8	

8-2 续表 continued

地区 Region	基本水位站 Basic Hydrological Station									基本雨量站 Basic Rain Gauging Station					
	合计 Total	河道 River Course	水库 Reservoir	湖泊 Lake	感潮 Lake Flow	渠道 Canal	人工观测 Manual Observation	自动监测 Automatic Monitoring	其中:委托观测站 Among Which: Contracted Observation Station	合计 Total	常年 Perennial	汛期 Flood Season	人工观测 Manual Observation	自动监测 Automatic Monitoring	其中:委托观测站 Among Which: Contracted Observation Station
合计 Total	1131	719	84	97	191	40	44	1087	487	14841	13454	1387	500	14341	8217
北京 Beijing										121	121			121	114
天津 Tianjin	2	2						2	2	29	11	18		29	29
河北 Hebei	15	4	4	7			15		15	935	703	232		935	935
山西 Shanxi										737	661	76		737	737
内蒙古 Inner Mongolia	12	5	3	4			4	8		628	444	184	496	132	498
辽宁 Liaoning	9	6			3			9		435	300	135		435	
吉林 Jilin	13	13					2	11		283	197	86		283	282
黑龙江 Heilongjiang	43	39	2	2			2	41		497	449	48		497	454
上海 Shanghai	47				47			47	13	10	10			10	2
江苏 Jiangsu	138	87	6	17	12	16		138	103	236	236			236	194
浙江 Zhejiang	137	99		2	34	2		137	60	486	486			486	241
安徽 Anhui	62	27	2	15	2	16		62	51	638	638			638	
福建 Fujian	43	32			11			43		411	411			411	411
江西 Jiangxi	46	39		7				46		844	844			844	
山东 Shandong	17	9		5	3			17	17	663	346	317		663	663
河南 Henan	32	25	3			4		32	13	751	483	268		751	
湖北 Hubei	42	11	18	11			2	42	11	543	543			543	
湖南 Hunan	12	12					1	11		451	451			451	
广东 Guangdong	92	37	1		54			92	33	749	749			749	749
广西 Guangxi	26	23			3			26		608	608			608	
海南 Hainan	8	5			3			8	1	203	203			203	203
重庆 Chongqing	121	121						121	121	833	833			833	833
四川 Sichuan	29	28		1			1	28		565	562	3		565	
贵州 Guizhou	3	3						3		557	557			557	
云南 Yunnan	13	3	1	9				13	2	889	889			889	130
西藏 Tibet	3	2	1				3								
陕西 Shaanxi	2	2						2		555	555			555	555
甘肃 Gansu										234	234			234	234
青海 Qinghai										86	80	6		86	86
宁夏 Ningxia	8	8						8		179	178	1		179	179
新疆 Xinjiang	1			1			1			5	5		4	1	
新疆生产建设兵团 Xinjiang Production and Construction Corps															
长江委 Yangtze River Water Resources Commission	96	34	40	14	8			96	36	29	29			29	2
黄委 Yellow River Water Resources Commission	45	40	3	2			13	32	9	651	638	13		651	65
淮委 Huaihe River Water Resources Commission															
海委 Haihe River Water Resources Commission	3	3					2	1							
珠江委 Pearl River Water Resources Commission	11				11			11							
松辽委 Songliao River Water Resources Commission															
太湖局 Taihu Basin Authority															

8-2 续表 continued

地区 Region		蒸发站 Evaporation Station			地下水监测站 Groundwater Station									
			监测方式 Obseving Model		合计 Total	设站目的 Station Required Purpose		监测层位 Monitoring Horizon		监测方式 Obseving Model		其中： Among which:	
		合计 Total	人工观测 Manual Observation	自动监测 Automatic Monitoring		基本站 Basic Station	统测站 Measuring Station	浅层 Shallow Layer	深层 Deep Layer	人工观测 Manual Observation	自动监测 Automatic Monitoring	水质人工监测 Mannual Monitoring of Water Quality	水质自动监测 Automatic Monitoring of Water Quality
合　计	Total	8	5	3	27448	24661	2787	22545	4903	11882	15566	11654	109
北　京	Beijing				1529	1529		1239	290	594	935	787	13
天　津	Tianjin				838	639	199	113	725	222	616	385	5
河　北	Hebei				3732	3732		2287	1445	876	2856	1032	6
山　西	Shanxi				3118	1350	1768	2860	258	2376	742	574	4
内蒙古	Inner Mongolia				2541	2484	57	2541		529	2012	530	4
辽　宁	Liaoning				1067	1067		997	70	440	627	729	7
吉　林	Jilin				1795	1795		1795		1285	510	757	4
黑龙江	Heilongjiang				2013	2013		1854	159	1227	786	820	3
上　海	Shanghai				49	49		8	41		49	48	1
江　苏	Jiangsu				1261	630	631	474	787	615	646	537	5
浙　江	Zhejiang				156	155	1	111	45		156	156	2
安　徽	Anhui	1		1	561	561		470	91	171	390	406	4
福　建	Fujian	1		1	55	55		55			55	54	1
江　西	Jiangxi	1		1	128	128		96	32		128	128	1
山　东	Shandong				2292	2292		1953	339	1174	1118	926	8
河　南	Henan				2624	2624		2365	259	1803	821	792	4
湖　北	Hubei				215	215		215			215	199	1
湖　南	Hunan				94	94		37	57		94	82	2
广　东	Guangdong	1		1	133	111	22	64	69	22	111	133	5
广　西	Guangxi				126	126		126			126	124	2
海　南	Hainan				75	75		19	56		75	73	2
重　庆	Chongqing				80	80		61	19		80	79	1
四　川	Sichuan				174	174		174		44	130	130	1
贵　州	Guizhou				60	60		60			60	60	1
云　南	Yunnan	2	1	1	181	181		122	59		181	172	1
西　藏	Tibet				65	65		58	7		65	64	1
陕　西①	Shaanxi				1037	928	109	950	87	360	677	679	5
甘　肃	Gansu				462	462		462		132	330	369	4
青　海	Qinghai				140	140		140			140	140	4
宁　夏	Ningxia				335	335		335			335	178	3
新　疆	Xinjiang				439	439		435	4	9	430	438	3
新疆生产建设兵团	Xinjiang Production and Construction Corps				73	73		69	4	3	70	73	1
长江委	Yangtze River Water Resources Commission	2		2									
黄　委	Yellow River Water Resources Commission												
淮　委	Huaihe River Water Resources Commission												
海　委	Haihe River Water Resources Commission												
珠江委	Pearl River Water Resources Commission												
松辽委	Songliao River Water Resources Commission												
太湖局	Taihu Basin Authority												

①　陕西地下水监测站为陕西地下水管理监测中心监测站点。

①　The groundwater monitoring stations of Shaanxi are managed by Ground water Management and Monitoring Bureau of Shaanxi Province.

8-2 续表 continued

地区	Region	水质站（地表水）Water Quality Station		
		合计 Total	监测方式 Monitoring Method	
			人工监测 Manual Observation	自动监测 Automatic Monitoring
合　计	**Total**	**10962**	**10512**	**450**
北　京	Beijing	269	256	13
天　津	Tianjin	276	273	3
河　北	Hebei	149	142	7
山　西	Shanxi	178	176	2
内蒙古	Inner Mongolia	209	209	
辽　宁	Liaoning	430	414	16
吉　林	Jilin	152	152	
黑龙江	Heilongjiang	277	260	17
上　海	Shanghai	311	291	20
江　苏	Jiangsu	2451	2415	36
浙　江	Zhejiang	248	243	5
安　徽	Anhui	464	401	63
福　建	Fujian	148	147	1
江　西	Jiangxi	534	520	14
山　东	Shandong	89	89	
河　南	Henan	277	277	
湖　北	Hubei	458	430	28
湖　南	Hunan	217	174	43
广　东	Guangdong	640	531	109
广　西	Guangxi	235	232	3
海　南	Hainan	72	72	
重　庆	Chongqing	250	250	
四　川	Sichuan	359	359	
贵　州	Guizhou	99	82	17
云　南	Yunnan	471	459	12
西　藏	Tibet	126	126	
陕　西	Shaanxi	230	230	
甘　肃	Gansu	191	185	6
青　海	Qinghai	71	70	1
宁　夏	Ningxia	11	11	
新　疆	Xinjiang	236	234	2
新疆生产 建设兵团	Xinjiang Production and Construction Corps			
长江委	Yangtze River Water Resources Commission	342	331	11
黄　委	Yellow River Water Resources Commission	89	89	
淮　委	Huaihe River Water Resources Commission			
海　委	Haihe River Water Resources Commission	139	125	14
珠江委	Pearl River Water Resources Commission	85	85	
松辽委	Songliao River Water Resources Commission	81	80	1
太湖局	Taihu Basin Authority	98	92	6

8-2 续表 continued

地区 Region	墒情站 Soil Moisture Station					实验站 Experiment Station							其中：兼水文站 Among Which: Dual-purpose Hydrological Station
	合计 Total	监测方式 Monitoring Method				合计 Total	实验项目 Experiment Project						
		人工观测 Manual Obser-vation	自动监测 Automatic Monitoring				径流 Runoff	蒸发 Evapo-ration	测验方法 Test Method	水库 Rese-rvoir	地下水 Ground-water	其他 Others	
			合计 Sub-total	其中：固定 #Fixed	其中：移动 #Mobile								
合计 Total	4218	731	3487	1279	2208	61	20	11	2	3	6	19	20
北京 Beijing	80		80	80									
天津 Tianjin													
河北 Hebei	188	188				2	1	1					1
山西 Shanxi	97		97	97		2					2		
内蒙古 Inner Mongolia	87	87											
辽宁 Liaoning	96	41	55	55		3	1	1				1	1
吉林 Jilin	170	43	127	127		2	2						
黑龙江 Heilongjiang						4	3	1					3
上海 Shanghai													
江苏 Jiangsu	51	26	25	25									
浙江 Zhejiang	16		16	16		1	1						1
安徽 Anhui	216	87	129	129		5	4	1					4
福建 Fujian	16		16	16		2		1	1				1
江西 Jiangxi	503		503	106	397	2				1		1	
山东 Shandong	155	155											
河南 Henan	636		636	106	530								
湖北 Hubei	61	26	35	35									
湖南 Hunan	33		33	5	28								
广东 Guangdong	1	1				1		1					
广西 Guangxi	28	15	13	13		1						1	1
海南 Hainan													
重庆 Chongqing	72	5	67	67									
四川 Sichuan	109	11	98		98	1						1	1
贵州 Guizhou	482		482	42	440	2	1	1					2
云南 Yunnan	341	8	333	53	280	2					1	1	1
西藏 Tibet	6		6	6		3	2	1					2
陕西 Shaanxi	16	16											
甘肃 Gansu						1					1		
青海 Qinghai													
宁夏 Ningxia	57	21	36	36									
新疆 Xinjiang	522		522	87	435	1	1						1
新疆生产建设兵团 Xinjiang Production and Construction Corps	178		178	178									
长江委 Yangtze River Water Resources Commission	1	1				5	1	2			2		1
黄委 Yellow River Water Resources Commission						6	2	1		2	1		
淮委 Huaihe River Water Resources Commission													
海委 Haihe River Water Resources Commission						1						1	
珠江委 Pearl River Water Resources Commission						12						12	
松辽委 Songliao River Water Resources Commission													
太湖局 Taihu Basin Authority						2	1		1				

Hydrological Network

8-2　续表 continued

地区 Region	专用站 Special Station									
	专用水文站 Special Purpose Hydrological Stationl					专用水位站 Special Purpose Gauging Stationl				
	合计 Total	水文部门建设 Built by Hydrological Department		非水文部门建设 Built by Non-hydrological Department	其中：自动监测 #Automatic Monitoring	合计 Total	水文部门建设 Built by Hydrological Department		非水文部门建设 Built by Non-hydrological Department	其中：自动监测 #Automatic Monitoring
		合计 Sub-total	其中：中小河流项目新建 #Newly-built on Medium or Small River				合计 Sub-total	其中：中小河流项目新建 #Newly-built on Medium or Small River		
合　计 Total	4492	4241	3391	251	1921	14937	5775	3364	9162	14624
北　京 Beijing	41	41	41		41					
天　津 Tianjin	37	36	36	1						
河　北 Hebei	91	91	88		88	553	145	145	408	553
山　西 Shanxi	48	45	41	3	48	47	47	47		47
内蒙古 Inner Mongolia	110	110	110		100	13	13	13		13
辽　宁 Liaoning	97	97	97		49	49	49	49		49
吉　林 Jilin	79	79	79		1	87	87	87		87
黑龙江 Heilongjiang	155	155	146		4	118	118	89		95
上　海 Shanghai	28	28	2		28	270	267	15	3	270
江　苏 Jiangsu	136	136	72		72	137	137	137		137
浙　江 Zhejiang	221	100	38	121	221	4625	1080	14	3545	4625
安　徽 Anhui	296	275	83	21	187	118	118	115		118
福　建 Fujian	83	83	83		25	1982	123	123	1859	1982
江　西 Jiangxi	121	121	116		30	1040	162	162	878	1040
山　东 Shandong	330	330	330		3	193	193	193		193
河　南 Henan	241	241	241			136	136	136		136
湖　北 Hubei	201	198	189	3	127	281	248	241	33	281
湖　南 Hunan	138	131	128	7	138	1354	135	111	1219	1354
广　东 Guangdong	224	217	163	7	192	747	699	107	48	699
广　西 Guangxi	229	229	226		170	275	275	227		275
海　南 Hainan	32	32	32		32	21	21	21		21
重　庆 Chongqing	201	201	176		17	792	374	266	418	792
四　川 Sichuan	207	207	205			245	245	244		245
贵　州 Guizhou	269	230	180	39	150	478	179	179	299	478
云　南 Yunnan	206	165	121	41	15	126	113	111	13	126
西　藏 Tibet	73	71	55	2	2	56	54	53	2	54
陕　西 Shaanxi	73	72	72	1	72	101	96	96	5	101
甘　肃 Gansu	40	40	39			158	158	158		158
青　海 Qinghai	18	18	13		2	28	28	27		28
宁　夏 Ningxia	135	135	29			143	143	84		143
新　疆 Xinjiang	95	90	84	5	44	66	61	61	5	61
新疆生产建设兵团 Xinjiang Production and Construction Corps	76	76	76			471	53	53	418	418
长江委 Yangtze River Water Resources Commission	23	23				159	159			
黄　委 Yellow River Water Resources Commission	7	7			7	49	41		8	31
淮　委 Huaihe River Water Resources Commission	39	39								
海　委 Haihe River Water Resources Commission	17	17				5	4		1	
珠江委 Pearl River Water Resources Commission	19	19								
松辽委 Songliao River Water Resources Commission	12	12			12	12	12			12
太湖局 Taihu Basin Authority	44	44			44	2	2			2

8-2 续表 continued

地区	Region	专用站 Special Station				
			专用雨量站 Special Purpose Precipitation Station			
		合计 Total	水文部门建设 Built by Hydrological Department		非水文部门建设 Built by Non-hydrological Department	其中：自动监测 #Automatic Monitoring
			合计 Sub-total	其中：中小河流项目新建 #Newly-built on Medium or Small River		
合 计	**Total**	38551	28472	25295	10079	38485
北 京	Beijing	124	124	54		124
天 津	Tianjin					
河 北	Hebei	1847	344	344	1503	1847
山 西	Shanxi	1156	1156	938		1156
内蒙古	Inner Mongolia	687	687	687		687
辽 宁	Liaoning	1176	1176	828		1176
吉 林	Jilin	1648	1648	1648		1648
黑龙江	Heilongjiang	1484	1484	1315		1484
上 海	Shanghai	140	140	51		140
江 苏	Jiangsu	60	60	60		60
浙 江	Zhejiang	1191	299	153	892	1191
安 徽	Anhui	576	576	576		576
福 建	Fujian	1503			1503	1503
江 西	Jiangxi	2219	768	628	1451	2219
山 东	Shandong	1224	1224	1224		1224
河 南	Henan	3202	2158	2158	1044	3202
湖 北	Hubei	763	763	689		763
湖 南	Hunan	1553	856	369	697	1553
广 东	Guangdong	794	780	323	14	794
广 西	Guangxi	2895	2124	1795	771	2895
海 南	Hainan	9	9	9		9
重 庆	Chongqing	3695	3305	3305	390	3695
四 川	Sichuan	2586	2586	2586		2586
贵 州	Guizhou	2409	994	582	1415	2409
云 南	Yunnan	1780	1734	1684	46	1780
西 藏	Tibet	599	599	599		599
陕 西	Shaanxi	1306	1293	1293	13	1306
甘 肃	Gansu	159	158	147	1	159
青 海	Qinghai	335	335	335		335
宁 夏	Ningxia	748	748	714		748
新 疆	Xinjiang	75	75	75		75
新疆生产 建设兵团	Xinjiang Production and Construction Corps	380	66	66	314	314
长江委	Yangtze River Water Resources Commission					
黄 委	Yellow River Water Resources Commission	150	125	60	25	150
淮 委	Huaihe River Water Resources Commission					
海 委	Haihe River Water Resources Commission					
珠江委	Pearl River Water Resources Commission					
松辽委	Songliao River Water Resources Commission	78	78			78
太湖局	Taihu Basin Authority					

8-2 续表 continued

地区 Region	合计 Total	报汛抗旱站 Flood Warning Station — 测站种类 Types of Station							
		水文站 Hydrological Station			水位站 Gauging Station	雨量站 Precipit- ation Station	墒情站 Soil Moisture Station	地下水站 Ground- water Station	水质站 Water Quality Station
		合计 Sub-total	其中：水库 #Reservoir	其中：渠道 #Canal					
合 计 Total	71177	8432	3171	1102	7083	40799	3104	8032	3727
北 京 Beijing	756	85	27	26	1	74	38	558	
天 津 Tianjin	189	102	25	77	2	28	3		54
河 北 Hebei	4981	493	251	242	490	2814	188	954	42
山 西 Shanxi	447	63	9			184	97		103
内蒙古 Inner Mongolia	2978	270	128	142	1	85	81	2541	
辽 宁 Liaoning	3011	494	388	3	9	1437	4	1067	
吉 林 Jilin	2388	187	6	1	100	1931	170		
黑龙江 Heilongjiang	2531	263	11		157	1966		145	
上 海 Shanghai	427	24			205	149		49	
江 苏 Jiangsu	3061	395	52	201	113	80	22		2451
浙 江 Zhejiang	609	163	92	7	238	208			
安 徽 Anhui	3121	209	13	56	860	1089	84	561	318
福 建 Fujian	496	67			55	374			
江 西 Jiangxi	4637	240			1086	3063	106	128	14
山 东 Shandong	1483	134	48	86	13	533		803	
河 南 Henan	4801	235	137	98	21	3909	636		
湖 北 Hubei	2497	779	421	91	243	1171	61	215	28
湖 南 Hunan	1322	817	704		12	388	105		
广 东 Guangdong	765	63			353	296	6	30	17
广 西 Guangxi	3947	673	296	10	305	2745	28	124	72
海 南 Hainan	203	13	2		8	182			
重 庆 Chongqing	5745	232			913	4528	72		
四 川 Sichuan	4745	674	292	3	311	3307	109	174	170
贵 州 Guizhou	4303	374	3		481	2966	482		
云 南 Yunnan	3024	316	4		113	2587	8		
西 藏 Tibet	826	105	9		56	599	6	60	
陕 西 Shaanxi	2273	157		4	102	1755	41	218	
甘 肃 Gansu	81	81	7						
青 海 Qinghai	140	34			1	105			
宁 夏 Ningxia	1658	72	44	3	151	927	57	335	116
新 疆 Xinjiang	829	235	140		1	71	522		
新疆生产建设兵团 Xinjiang Production and Construction Corps	1175	76	51	23	471	380	178	70	
长江委 Yangtze River Water Resources Commission	636	119	1		147	28			342
黄 委 Yellow River Water Resources Commission	948	143	5	21	43	762			
淮 委 Huaihe River Water Resources Commission	1	1							
海 委 Haihe River Water Resources Commission	25	17	3	4	8				
珠江委 Pearl River Water Resources Commission	3	3							
松辽委 Songliao River Water Resources Commission	112	22	2	4	12	78			
太湖局 Taihu Basin Authority	3	2			1				

8-2 续表 continued

地区	Region	可发布预报测站 Forecasting Station	可发布预警测站 Warning Station	辅助站 Auxiliary Station	固定洪调点 Fixed- flood Regulation Station
合 计	**Total**	**2608**	**2294**	**579**	**1218**
北 京	Beijing	21	17		
天 津	Tianjin				
河 北	Hebei	91	42	69	
山 西	Shanxi	5			
内蒙古	Inner Mongolia	7	3		
辽 宁	Liaoning	50	38		
吉 林	Jilin	79	17		
黑龙江	Heilongjiang	105	23		
上 海	Shanghai				
江 苏	Jiangsu	35	67		
浙 江	Zhejiang	73	217	1	
安 徽	Anhui	178	74	88	
福 建	Fujian	44	33		
江 西	Jiangxi	113	112	7	
山 东	Shandong	71		181	
河 南	Henan	100	20	130	50
湖 北	Hubei	255	47		7
湖 南	Hunan	74	136		
广 东	Guangdong	123		21	
广 西	Guangxi	113	603	14	
海 南	Hainan	6	9		
重 庆	Chongqing	11	18		
四 川	Sichuan	65	577		
贵 州	Guizhou	198	20	7	
云 南	Yunnan	406			859
西 藏	Tibet	1	1		
陕 西	Shaanxi	33	100		
甘 肃	Gansu	2			220
青 海	Qinghai	14		14	29
宁 夏	Ningxia	16			46
新 疆	Xinjiang	63	88		7
新疆生产建设兵团	Xinjiang Production and Construction Corps	195			
长江委	Yangtze River Water Resources Commission	34	29		
黄 委	Yellow River Water Resources Commission	17	2	18	
淮 委	Huaihe River Water Resources Commission				
海 委	Haihe River Water Resources Commission	1			
珠江委	Pearl River Water Resources Commission			29	
松辽委	Songliao River Water Resources Commission				
太湖局	Taihu Basin Authority	9	1		

8-2 续表 continued

地区 Region	流量 Runoff	水位 Water Level	泥沙 Sediment	悬移质 Suspended Load	推移质 Traction Load	河床质 Bed Load	颗粒分析 Particle Size Analysis	降雨量 Precipitation	蒸发 Evaporation	比降 Gradient	冰情 Ice Condition	水温 Water Temperature
合 计 Total	8430	22136	1677	1565	15	147	454	65998	1686	1128	1189	1330
北 京 Beijing	102	102	17	17			11	245	27	14	33	26
天 津 Tianjin	82	125	20	20			8	51	7		50	10
河 北 Hebei	329	894	129	129			54	3465	46	65	123	75
山 西 Shanxi	157	209	60	60			26	1985	50	64	49	53
内蒙古 Inner Mongolia	258	283	80	80			4	1315	105	100	104	78
辽 宁 Liaoning	218	276	75	75			31	1863	40	76	66	45
吉 林 Jilin	221	291	47	47				2106	27	62	83	73
黑龙江 Heilongjiang	275	436	25	25			8	2134	71	39	153	129
上 海 Shanghai	53	374						395	13			9
江 苏 Jiangsu	365	513	21	21				438	36	1		7
浙 江 Zhejiang	316	5077	19	19				5765	112	10		27
安 徽 Anhui	407	649	29	29				1545	48	30		
福 建 Fujian	138	304	28	28				505	1	41		21
江 西 Jiangxi	247	1333	29	29			13	4359	71	25		25
山 东 Shandong	682	865	48	48			3	2565	49	19	99	7
河 南 Henan	404	546	42	42				4194	51	45	107	35
湖 北 Hubei	335	681	15	15			4	1923	42	21		20
湖 南 Hunan	251	1617	31	31				3217	47	54		26
广 东 Guangdong	324	1134	34	34			5	2402	42	54		
广 西 Guangxi	367	668	39	39				4142	90	67		44
海 南 Hainan	45	29	5	5				212	6	9		5
重 庆 Chongqing	232	1145	132	132				5673	46			
四 川 Sichuan	349	622	56	56			13	3773	77	14	5	11
贵 州 Guizhou	335	515	22	22				2020	73			26
云 南 Yunnan	385	524	75	75				3124	128	62		57
西 藏 Tibet	121	180	11	11				638	24		24	39
陕 西 Shaanxi	152	254	64	64			30	2115	53		3	20
甘 肃 Gansu	151	346	61	61				479	75	33	56	40
青 海 Qinghai	67	88	31	31			1	472	35	22	35	15
宁 夏 Ningxia	174	325	25	25				927	21	11	1	3
新 疆 Xinjiang	262	276	84	84				220	91	73	85	96
新疆生产建设兵团 Xinjiang Production and Construction Corps	94	565	6	4	2			501	10		2	2
长江委 Yangtze River Water Resources Commission	144	399	68	68	13	24	57	172	17			44
黄委 Yellow River Water Resources Commission	148	242	232	121		123	184	928	38	109	96	96
淮委 Huaihe River Water Resources Commission	40	40						1	1			
海委 Haihe River Water Resources Commission	38	60	6	7				17	6	4	7	9
珠江委 Pearl River Water Resources Commission	47	58	3	3				3	2			
松辽委 Songliao River Water Resources Commission	22	34	8	8			2	96	6	4	8	8
太湖局 Taihu Basin Authority	93	57						13	2			149

8-2 续表 continued

| 地区 Region | 观测项目类别（站数/断面） Types of Measuring Items (Number of Stations/Sections) | | | | | | | | |
	地下水 Groundwater	地下水水位 Groundwater Level	地下水水质 Groundwater Quality	地下水水量 Groundwater Quantity	地表水水质 Surface Water Quality	水生态 Water Ecology	墒情 Soil Moisture Condition	水文调查 Hydrological Survey	辅助气象 Auxiliary Meteorology
合　计 Total	27496	26848	11742	306	12211	545	4937	1550	463
北　京 Beijing	1529	1166	800		269	66	80	20	15
天　津 Tianjin	838	780	385	58	276	8		17	11
河　北 Hebei	3732	3632	1032	100	281	4	188		11
山　西 Shanxi	3118	3035	574	103	178	2	165	68	68
内蒙古 Inner Mongolia	2541	2541	530		209	14	87	20	
辽　宁 Liaoning	1067	1067	729		430		96	92	1
吉　林 Jilin	1795	1795	757		152		170	24	10
黑龙江 Heilongjiang	2013	2013	820		277			234	79
上　海 Shanghai	93	93	91		376		1	15	27
江　苏 Jiangsu	1261	1261	537		2451		51		
浙　江 Zhejiang	156	156	156		248	36	16	25	2
安　徽 Anhui	561	561	410		464	12	216		6
福　建 Fujian	55	55	55		148		16		1
江　西 Jiangxi	128	128	128		648	114	503	23	14
山　东 Shandong	2292	2292	926		94	5	155	135	
河　南 Henan	2624	2624	792	9	277	76	636	130	9
湖　北 Hubei	215	215	200		460	53	61	449	
湖　南 Hunan	94	93	84		348		440		2
广　东 Guangdong	133	133	133		924		6	37	27
广　西 Guangxi	126	126	124	20	305	7	28		38
海　南 Hainan	75	75	75		93			8	2
重　庆 Chongqing	80	80	80		250		265		
四　川 Sichuan	174	174	131		359	1	109		
贵　州 Guizhou	60	60	60	11	181	19	482		
云　南 Yunnan	181	181	173		646	46	341	5	4
西　藏 Tibet	65	60	65		95		6	14	
陕　西 Shaanxi	1037	1037	679		230		41		
甘　肃 Gansu	462	442	373		191		20		22
青　海 Qinghai	150	140	150		71			30	1
宁　夏 Ningxia	335	335	181		116		57	46	
新　疆 Xinjiang	430	425	439	5	236		522	40	44
新疆生产建设兵团 Xinjiang Production and Construction Corps	73	70	73				178		9
长江委 Yangtze River Water Resources Commission	2	2			342	20	1		4
黄　委 Yellow River Water Resources Commission					127			118	35
淮　委 Huaihe River Water Resources Commission									
海　委 Haihe River Water Resources Commission	1	1			139				5
珠江委 Pearl River Water Resources Commission					70	15			
松辽委 Songliao River Water Resources Commission					101				6
太湖局 Taihu Basin Authority					149	47			10

主要统计指标解释

水文测站 为经常收集水文数据而在河、渠、湖、库上或流域内设立的各种水文观测场所的总称。

国家基本水文测站 为公用目的，经统一规划设立，能获取基本水文要素值多年变化资料的水文测站。它应进行较长期的连续观测，资料长期存储。

水文站 设在河、渠、湖、库上以测定水位、流量为主的水文测站，根据需要还可监测降水、水面蒸发、泥沙、墒情、地下水、水质、气象要素等有关项目。

水位站 以观测水位为主，可兼测降水量等项目的水文测站。

雨量站（降水量站） 以观测降水量为主的水文测站。

蒸发站 观测水面蒸发量及相关项目的水文测站。

地下水站（井） 为观测地下水的量、质动态变化，在水文地质单元或地下水开采区等设置的水文测站或地下水监测井（孔）。

水质站（水质监测站） 为掌握水资源质量变化动态，收集和积累水体的物理、化学和生物等监测信息而进行采样和现场测定位置的总称。

墒情站 观测土壤含水量变化的水文测站。

水文实验站 在天然和人为特定实验条件下，由一个或一组水文观测试验项目站点组成的专门场所。

巡测站 水文专业人员以巡回流动的方式定期或不定期地对一个地区或流域内各观测站（点）的水文要素进行测验的水文测站。

Explanatory Notes of Main Statistical Indicators

Hydrological station General term for hydrological observation locations built on rivers, canals, lakes, reservoirs or inside river basins for gathering hydrological data.

Basic station Hydrological measurement stations that are built for public purpose and designed according to unified planning to gather multi-year variables of basic hydrological element value. This kind of station carries out long-term and continuous observation and stores data for future usage.

Hydrological station Hydrological measurement stations that are built on rivers, canals, lakes or reservoirs and mainly for observation of water level and flow. When necessary, it can also be used to observe precipitation, water surface evaporation, sediment, moisture, groundwater, water quality, meteorological and other related data.

Stage gauging station Hydrological measurement stations that are mainly used to observe water level, and can also be used to observe precipitation and other related data at the same time.

Rainfall station (Precipitation station) Hydrological measurement stations that are used to observe precipitation.

Evaporation station Hydrological measurement stations that are used to observe water surface evaporation and other relevant data.

Groundwater monitoring station (Well) Hydrological measurement stations or groundwater monitoring well (hole) that are located in hydrogeological units or groundwater abstraction zone and used to observe the dynamic changes of water quantity and quality.

Water quality station (Water quality monitoring station) General term for sampling and on-site measurement locations which are used to observe dynamic changes of water quality and gather and accumulate monitoring data related to physical, chemical and biological conditions of water bodies.

Moisture gauging station Hydrological measurement stations that are used to observe the variation of soil moisture content.

Hydrological experimental station It is a special place composed of one or a group of hydrological observation and test project stations under the natural and artificial specific experimental conditions.

Tour hydrological station Hydrological measurement stations that are used for hydrological professionals to conduct regular or irregular tests on hydrological elements of measurement stations (points) in a region or within a river basin.

9 从业人员情况

Employees

简 要 说 明

从业人员情况统计资料主要包括水利部机关、直属单位、各省（自治区、直辖市）和计划单列市水利（水务）厅（局）的从业人员和技术工人情况等。

本部分资料分水利部机关和流域委员会、水利部在京直属单位、其他京外直属单位和地方水利部门。

Brief Introduction

Statistical data of employment provides you with information on employees working for the water sector, including staff and workers employed by the Ministry of Water Resources and organizations under the ministry, water resources departments of provinces (autonomous regions or municipalities) as well as cities with separate plans.

The data of Ministry of Water Resources and river basin commissions under the Ministry, affiliate organizations of the Ministry in Beijing and affiliate organizations of the Ministry out of Beijing and local water resources departments is shown separately by group.

9-1　2020 年水利部从业人员

Employees of the Ministry of Water Resources in 2020

单 位	Institution	单位个数 /个 Number of Organizations /unit	年末人数　Total staff at the End of the Year		
			单位从业人员 /人 Employees /person	在岗职工 Full-time Staff	劳务派遣人员 Contracted Service Staff	其他从业人员 Other Employees
水利部	**Ministry of Water Resources (MWR)**	**842**	**72489**	**66889**	**3896**	**1704**
水利部机关和流域机构	MWR and River Basin Commissions	696	49094	46900	1207	987
水利部在京直属单位	Affiliate Organizations of MWR in Beijing	135	20815	17852	2347	616
其他京外直属单位	Affiliate Organizations of MWR outside Beijing	11	2580	2137	342	101

9-1　续表 continued

单 位	Institution	平均人数　Average Number			
		单位从业人员/人 Employees/person	在岗职工 Full-time Staff	劳务派遣人员 Contracted Service Staff	其他从业人员 Other Employees
水利部	**Ministry of Water Resources (MWR)**	**72340**	**66759**	**3849**	**1732**
水利部机关和流域机构	Ministry and River Basin Commissions	49217	47053	1122	1042
水利部在京直属单位	Affiliate Organizations of MWR in Beijing	20531	17566	2372	593
其他京外直属单位	Affiliate Organizations of MWR outside Beijing	2592	2140	355	97

9-2 2020 年地方水利部门从业人员
Employees of Local Water Resources Departments in 2020

单 位	Institution	单位个数 /个 Number of Organizations /unit	单位从业人员 年末人数/人 Employees at the end of the Year /person	在岗职工 Fully Employed Staff	劳务派遣人员 Service Dispatching Employees	外聘人员 Staff Employed from outside	其他从业人员 Other Employees
地方水利部门	**Local Water Resources Departments**	**35621**	**736748**	**710703**	**14056**	**4998**	**6991**
北京市水务局	Beijing Water Authority	303	9356	8907	403	46	
天津市水务局	Tianjin Water Authority	126	14594	13193	1233	50	118
河北省水利厅	Hebei Provincial Water Resources Department	1453	38457	37670	554	41	192
山西省水利厅	Shanxi Provincial Water Resources Department	1547	21804	21654	55	5	90
内蒙古自治区水利厅	Water Resources Department of Inner Mongolia Autonomous Region	903	21664	21001	62	450	151
辽宁省水利厅	Liaoning Provincial Water Resources Department	574	15808	15509	265	3	31
吉林省水利厅	Jilin Provincial Water Resources Department	760	18424	18362	3	36	23
黑龙江省水利厅	Heilongjiang Provincial Water Resources Department	779	17927	17882			45
上海市水务局	Shanghai Water Authority	171	4994	4720	269		5
江苏省水利厅	Jiangsu Provincial Water Resources Department	2085	29456	28997	392	48	19
浙江省水利厅	Zhejiang Provincial Water Resources Department	3244	79010	71856	3579		3575
安徽省水利厅	Anhui Provincial Water Resources Department	1490	24748	24584	84	59	21
福建省水利厅	Fujian Provincial Water Resources Department	800	12032	11462	300	101	169
江西省水利厅	Jiangxi Provincial Water Resources Department	1004	16831	16450	24	352	5
山东省水利厅	Shandong Provincial Water Resources Department	2039	36205	36085	42	13	65
河南省水利厅	Henan Provincial Water Resources Department	1929	50782	50265	64	212	241
湖北省水利厅	Hubei Provincial Water Resources Department	2142	36113	35431	377	301	4
湖南省水利厅	Hunan Provincial Water Resources Department	1882	43921	43279	196	93	353
广东省水利厅	Guangdong Provincial Water Resources Department	1477	35033	33843	296	290	604
广西壮族自治区水利厅	Water Resources Department of Guangxi Zhuang Autonomous Region	1582	20342	19234	306	261	541
海南省水务厅	Hainan Water Authority	180	4352	4030	238	70	14
重庆市水利局	Chongqing Water Resources Bureau	360	6359	5936	392	28	3
四川省水利厅	Sichuan Provincial Water Resources Department	1371	27167	26199	391	334	243
贵州省水利厅	Guizhou Provincial Water Resources Department	1920	22003	20315	1509	174	5
云南省水利厅	Yunnan Provincial Water Resources Department	1615	19289	18013	268	980	28
西藏自治区水利厅	Water Resources Department of Tibet Autonomous Region	94	2229	1960	51	207	11
陕西省水利厅	Shaanxi Provincial Water Resources Department	1169	37608	37386	63	120	39
甘肃省水利厅	Gansu Provincial Water Resources Department	1122	30997	28929	2048	20	
青海省水利厅	Qinghai Provincial Water Resources Department	177	6660	6481	42	116	21
宁夏回族自治区水利厅	Water Resources Department of Ningxia Hui Autonomous Region	325	5267	5026	110	7	124
新疆维吾尔自治区水利厅	Water Resources Department of Xinjiang Uygur Autonomous Region	702	19893	19012	61	569	251
大连市水务局	Dalian Water Authority	6	767	767			
宁波市水利局	Ningbo Water Resources Bureau	120	1767	1744	11	12	
厦门市水利局	Xiamen Water Resources Bureau		355	344	11		
青岛市水利局	Qingdao Water Resources Bureau	104	2153	2153			
深圳市水务局	Shenzhen Water Authority	46	2381	2024	357		

9-2 续表 continued

单 位	Institution	平均人数 Average Number			
		单位从业人员 /人 Employees /person	在岗职工 Full-time Staff	劳务派遣人员 Contracted Service Staff	其他从业人员 Other Employees
地方水利部门	**Local Water Resources Departments**	**735820**	**709732**	**13267**	**12820**
北京市水务局	Beijing Water Authority	9464	8906	380	178
天津市水务局	Tianjin Water Authority	14604	13193	1253	158
河北省水利厅	Hebei Provincial Water Resources Department	38133	37612	145	377
山西省水利厅	Shanxi Provincial Water Resources Department	21970	21749	56	165
内蒙古自治区水利厅	Water Resources Department of Inner Mongolia Autonomous Region	21672	21021	51	600
辽宁省水利厅	Liaoning Provincial Water Resources Department	15566	15270	262	34
吉林省水利厅	Jilin Provincial Water Resources Department	18653	18424	3	226
黑龙江省水利厅	Heilongjiang Provincial Water Resources Department	17948	17905		43
上海市水务局	Shanghai Water Authority	5018	4739	274	5
江苏省水利厅	Jiangsu Provincial Water Resources Department	29390	28886	437	67
浙江省水利厅	Zhejiang Provincial Water Resources Department	79010	71856	3579	3575
安徽省水利厅	Anhui Provincial Water Resources Department	24713	24552	84	77
福建省水利厅	Fujian Provincial Water Resources Department	11675	11142	269	265
江西省水利厅	Jiangxi Provincial Water Resources Department	16703	16346	22	335
山东省水利厅	Shandong Provincial Water Resources Department	36159	35985	97	77
河南省水利厅	Henan Provincial Water Resources Department	50814	50300	64	450
湖北省水利厅	Hubei Provincial Water Resources Department	36277	35596	376	305
湖南省水利厅	Hunan Provincial Water Resources Department	44005	43256	196	553
广东省水利厅	Guangdong Provincial Water Resources Department	35156	33662	304	1191
广西壮族自治区水利厅	Water Resources Department of Guangxi Zhuang Autonomous Region	20370	19291	305	775
海南省水务厅	Hainan Water Authority	4349	4028	259	62
重庆市水利局	Chongqing Water Resources Bureau	6308	5904	373	31
四川省水利厅	Sichuan Provincial Water Resources Department	27247	26322	358	567
贵州省水利厅	Guizhou Provincial Water Resources Department	21243	19846	1241	156
云南省水利厅	Yunnan Provincial Water Resources Department	19299	17993	259	1047
西藏自治区水利厅	Water Resources Department of Tibet Autonomous Region	2222	1956	51	215
陕西省水利厅	Shaanxi Provincial Water Resources Department	37586	37420	46	120
甘肃省水利厅	Gansu Provincial Water Resources Department	31110	29084	2006	20
青海省水利厅	Qinghai Provincial Water Resources Department	6630	6464	42	124
宁夏回族自治区水利厅	Water Resources Department of Ningxia Hui Autonomous Region	5230	5006	107	117
新疆维吾尔自治区水利厅	Water Resources Department of Xinjiang Uygur Autonomous Region	19902	18954	61	887
大连市水务局	Dalian Water Authority	781	781		
宁波市水利局	Ningbo Water Resources Bureau	1765	1734	11	20
厦门市水利局	Xiamen Water Resources Bureau	357	346	11	
青岛市水利局	Qingdao Water Resources Bureau	2151	2151		
深圳市水务局	Shenzhen Water Authority	2344	2056	288	

9-3 2020 年水利部职工职称情况

Employees with Technical Titles of the Ministry
of Water Resources in 2020

单 位	Institution	合计/人 Total /person	高级 Senior	中级 Intermediate	初级 Elementary
水利部	**Ministry of Water Resources (MWR)**	**42191**	**15967**	**14462**	**11762**
水利部机关和流域机构	The Ministry and River Basin Commissions	30969	10902	10936	9131
水利部在京直属单位	Affiliate Organizations of the Ministry in Beijing	9379	4132	3021	2226
其他京外直属单位	Affiliate Organizations of the Ministry out of Beijing	1843	933	505	405

9-4 2020年地方水利部门职工职称情况
Employees with Technical Titles in Local Water Resources Departments in 2020

单 位	Institution	合计 /人 Total /person	高级 Senior	中级 Intermediate	初级 Elementary
地方水利部门	**Local Water Resources Departments**	**280994**	**53950**	**118363**	**108681**
北京市水务局	Beijing Water Authority	3658	853	1512	1293
天津市水务局	Tianjin Water Authority	6412	1847	2349	2216
河北省水利厅	Hebei Provincial Water Resources Department	14310	3298	5303	5709
山西省水利厅	Shanxi Provincial Water Resources Department	7487	744	3300	3443
内蒙古自治区水利厅	Water Resources Department of Inner Mongolia Autonomous Region	7674	2167	3211	2296
辽宁省水利厅	Liaoning Provincial Water Resources Department	6041	1209	2908	1924
吉林省水利厅	Jilin Provincial Water Resources Department	7049	1624	2571	2854
黑龙江省水利厅	Heilongjiang Provincial Water Resources Department	7367	2052	2944	2371
上海市水务局	Shanghai Water Authority	2331	330	906	1095
江苏省水利厅	Jiangsu Provincial Water Resources Department	13712	2759	5548	5405
浙江省水利厅	Zhejiang Provincial Water Resources Department	29644	5188	15544	8912
安徽省水利厅	Anhui Provincial Water Resources Department	9497	1681	3711	4105
福建省水利厅	Fujian Provincial Water Resources Department	5718	1279	2267	2172
江西省水利厅	Jiangxi Provincial Water Resources Department	5195	927	2125	2143
山东省水利厅	Shandong Provincial Water Resources Department	20311	3491	9088	7732
河南省水利厅	Henan Provincial Water Resources Department	14644	2126	6543	5975
湖北省水利厅	Hubei Provincial Water Resources Department	12675	1429	5769	5477
湖南省水利厅	Hunan Provincial Water Resources Department	12897	1404	5780	5713
广东省水利厅	Guangdong Provincial Water Resources Department	9456	1527	3202	4727
广西壮族自治区水利厅	Water Resources Department of Guangxi Zhuang Autonomous Region	7542	850	3128	3564
海南省水务厅	Hainan Water Authority	854	77	283	494
重庆市水利局	Chongqing Water Resources Bureau	2450	702	1154	594
四川省水利厅	Sichuan Provincial Water Resources Department	11720	2488	4708	4524
贵州省水利厅	Guizhou Provincial Water Resources Department	8769	1471	3420	3878
云南省水利厅	Yunnan Provincial Water Resources Department	10750	3275	4172	3303
西藏自治区水利厅	Water Resources Department of Tibet Autonomous Region	904	108	295	501
陕西省水利厅	Shaanxi Provincial Water Resources Department	12457	2296	5191	4970
甘肃省水利厅	Gansu Provincial Water Resources Department	11342	2478	4434	4430
青海省水利厅	Qinghai Provincial Water Resources Department	3469	832	1386	1251
宁夏回族自治区水利厅	Water Resources Department of Ningxia Hui Autonomous Region	2902	507	1190	1205
新疆维吾尔自治区水利厅	Water Resources Department of Xinjiang Uygur Autonomous Region	8670	2213	2968	3489
大连市水务局	Dalian Water Authority	220	58	98	64
宁波市水利局	Ningbo Water Resources Bureau	824	154	375	295
厦门市水利局	Xiamen Water Resources Bureau	84	18	38	28
青岛市水利局	Qingdao Water Resources Bureau	1022	179	525	318
深圳市水务局	Shenzhen Water Authority	937	309	417	211

9-5　2020 年水利部技术工人结构

Statistics of Skilled Workers of the Ministry of
Water Resources in 2020

单　位	Institution	合计 /人 Total /person	无等级 /人 Non-graded Workers /person	初级工 /人 Elementary Workers /person	#获证人数 With Certificate	#当年获证 Getting Certificate in the Year
水利部	**Ministry of Water Resources (MWR)**	**21922**	**5690**	**2251**	**1729**	**28**
水利部机关和流域机构	The Ministry and River Basin Commissions	14804	1797	1117	1084	10
水利部在京直属单位	Affiliate Organizations of the Ministry in Beijing	6985	3859	1129	640	18
其他京外直属单位	Affiliate Organizations of the Ministry out of Beijing	133	34	5	5	

9-5 续表 continued

单 位	Institution	中级工 /人 Intermediate Workers /person	#获证人数 With Certificate	#当年获证 Getting Certificate of the Year	高级工 /人 Senior Workers /person	#获证人数 With Certificate	#当年获证 Getting Certificate of the Year
水利部	**Ministry of Water Resources (MWR)**	**2843**	**2632**	**127**	**6895**	**6443**	**96**
水利部机关和流域机构	The Ministry and River Basin Commissions	2286	2279	110	5758	5753	89
水利部在京直属单位	Affiliate Organizations of the Ministry in Beijing	552	348	17	1075	631	7
其他京外直属单位	Affiliate Organizations of the Ministry out of Beijing	5	5		62	59	

9-5 续表 continued

单 位	Institution	技师 /人 Technician /person	#获证人数 With Certificate	#当年获证 Getting Certificate of the Year	高级技师 /人 Senior Technician /person	#获证人数 With Certificate	#当年获证 Getting Certificate of the Year
水利部	**Ministry of Water Resources (MWR)**	**3524**	**3470**	**57**	**719**	**716**	**49**
水利部机关和流域机构	The Ministry and River Basin Commissions	3222	3219	45	624	624	42
水利部在京直属单位	Affiliate Organizations of the Ministry in Beijing	277	229	11	93	91	7
其他京外直属单位	Affiliate Organizations of the Ministry out of Beijing	25	22	1	2	1	

9-6 2020年地方水利部门技术工人结构
Statistics of Skilled Workers of Local Water Departments in 2020

单 位	Institution	合计 /人 Total /person	无等级 /人 Non-graded Workers /person	初级工 /人 Elementary Workers /person	#获证人数 With Certificate	#当年获证 Getting Certificate of the Year
地方水利部门	**Local Water Resources Departments**	**260981**	**48769**	**33941**	**29697**	**1660**
北京市水务局	Beijing Water Authority	1179	27	170	128	
天津市水务局	Tianjin Water Authority	5064	1142	615	511	71
河北省水利厅	Hebei Provincial Water Resources Department	17609	1213	3315	2866	16
山西省水利厅	Shanxi Provincial Water Resources Department	10301	1432	2318	1823	17
内蒙古自治区水利厅	Water Resources Department of Inner Mongolia Autonomous Region	9589	2821	699	334	4
辽宁省水利厅	Liaoning Provincial Water Resources Department	5582	1304	662	595	21
吉林省水利厅	Jilin Provincial Water Resources Department	7825	3556	1416	1276	48
黑龙江省水利厅	Heilongjiang Provincial Water Resources Department	8222	3181	490	436	36
上海市水务局	Shanghai Water Authority	477	30	60	60	
江苏省水利厅	Jiangsu Provincial Water Resources Department	9592	267	1135	1059	67
浙江省水利厅	Zhejiang Provincial Water Resources Department	3251		1298	1298	842
安徽省水利厅	Anhui Provincial Water Resources Department	10968	1213	1167	920	12
福建省水利厅	Fujian Provincial Water Resources Department	3326	782	446	371	6
江西省水利厅	Jiangxi Provincial Water Resources Department	7144	1133	1005	929	9
山东省水利厅	Shandong Provincial Water Resources Department	8907	2545	1291	1165	7
河南省水利厅	Henan Provincial Water Resources Department	27821	1259	3064	2721	134
湖北省水利厅	Hubei Provincial Water Resources Department	14830	1560	2101	1994	9
湖南省水利厅	Hunan Provincial Water Resources Department	22673	3014	3649	3310	38
广东省水利厅	Guangdong Provincial Water Resources Department	17126	8921	2000	1780	34
广西壮族自治区水利厅	Water Resources Department of Guangxi Zhuang Autonomous Region	7680	1567	591	573	3
海南省水务厅	Hainan Water Authority	2706	2097	274	232	
重庆市水利局	Chongqing Water Resources Bureau	1048	176	98	89	
四川省水利厅	Sichuan Provincial Water Resources Department	7544	1456	663	506	10
贵州省水利厅	Guizhou Provincial Water Resources Department	4741	2772	363	196	16
云南省水利厅	Yunnan Provincial Water Resources Department	4357	267	172	147	3
西藏自治区水利厅	Water Resources Department of Tibet Autonomous Region	206	21	13	10	
陕西省水利厅	Shaanxi Provincial Water Resources Department	18097	997	2092	1743	110
甘肃省水利厅	Gansu Provincial Water Resources Department	11444	1951	1277	1275	94
青海省水利厅	Qinghai Provincial Water Resources Department	2215	16	128	44	2
宁夏回族自治区水利厅	Water Resources Department of Ningxia Hui Autonomous Region	940	329	44	41	2
新疆维吾尔自治区水利厅	Water Resources Department of Xinjiang Uygur Autonomous Region	6894	1059	1220	1169	48
大连市水务局	Dalian Water Authority	302	75	16	16	
宁波市水利局	Ningbo Water Resources Bureau	372	204	11	11	
厦门市水利局	Xiamen Water Resources Bureau	68		4	3	
青岛市水利局	Qingdao Water Resources Bureau	573	302	42	42	1
深圳市水务局	Shenzhen Water Authority	308	80	32	24	

9-6 续表 continued

单 位	Institution	中级工/人 Intermediate Workers /person	#获证人数 With Certificate	#当年获证 Getting Certificate of the Year	高级工/人 Senior Workers /person	#获证人数 With Certificate	#当年获证 Getting Certificate of the Year
地方水利部门	**Local Water Resources Departments**	**53286**	**48734**	**1564**	**85200**	**78609**	**2205**
北京市水务局	Beijing Water Authority	508	480	3	443	423	21
天津市水务局	Tianjin Water Authority	874	755	20	2166	2027	36
河北省水利厅	Hebei Provincial Water Resources Department	3881	3580	73	6330	5881	97
山西省水利厅	Shanxi Provincial Water Resources Department	2295	1984	33	1843	1673	44
内蒙古自治区水利厅	Water Resources Department of Inner Mongolia Autonomous Region	1000	859	11	2346	1936	21
辽宁省水利厅	Liaoning Provincial Water Resources Department	1096	911	26	2262	1931	80
吉林省水利厅	Jilin Provincial Water Resources Department	1126	1020	37	1045	957	44
黑龙江省水利厅	Heilongjiang Provincial Water Resources Department	785	723	37	1389	1305	55
上海市水务局	Shanghai Water Authority	246	246		127	127	
江苏省水利厅	Jiangsu Provincial Water Resources Department	1688	1623	91	5493	5263	105
浙江省水利厅	Zhejiang Provincial Water Resources Department	819	819		664	664	
安徽省水利厅	Anhui Provincial Water Resources Department	3093	2728	86	5278	4763	26
福建省水利厅	Fujian Provincial Water Resources Department	580	502	9	1222	1097	16
江西省水利厅	Jiangxi Provincial Water Resources Department	1522	1477	30	2913	2747	113
山东省水利厅	Shandong Provincial Water Resources Department	1869	1778	8	2970	2771	21
河南省水利厅	Henan Provincial Water Resources Department	4973	4699	180	10362	9770	420
湖北省水利厅	Hubei Provincial Water Resources Department	2322	2221	48	4214	4094	58
湖南省水利厅	Hunan Provincial Water Resources Department	5695	4658	153	7285	5976	140
广东省水利厅	Guangdong Provincial Water Resources Department	3072	2732	18	3103	2740	20
广西壮族自治区水利厅	Water Resources Department of Guangxi Zhuang Autonomous Region	2197	2146	24	3107	3050	39
海南省水务厅	Hainan Water Authority	214	208	35	106	98	17
重庆市水利局	Chongqing Water Resources Bureau	250	234	3	305	292	1
四川省水利厅	Sichuan Provincial Water Resources Department	2016	1838	57	2465	2264	56
贵州省水利厅	Guizhou Provincial Water Resources Department	520	465	37	996	887	50
云南省水利厅	Yunnan Provincial Water Resources Department	609	519	41	2643	2358	34
西藏自治区水利厅	Water Resources Department of Tibet Autonomous Region	65	56	7	96	81	4
陕西省水利厅	Shaanxi Provincial Water Resources Department	4750	4679	375	7226	7060	463
甘肃省水利厅	Gansu Provincial Water Resources Department	2659	2658	53	3208	3207	173
青海省水利厅	Qinghai Provincial Water Resources Department	660	339	31	812	507	19
宁夏回族自治区水利厅	Water Resources Department of Ningxia Hui Autonomous Region	100	99	1	300	300	1
新疆维吾尔自治区水利厅	Water Resources Department of Xinjiang Uygur Autonomous Region	1592	1494	35	1993	1885	18
大连市水务局	Dalian Water Authority	55	55		106	106	
宁波市水利局	Ningbo Water Resources Bureau	18	17		62	61	
厦门市水利局	Xiamen Water Resources Bureau	13	12		43	39	
青岛市水利局	Qingdao Water Resources Bureau	70	69	1	152	151	10
深圳市水务局	Shenzhen Water Authority	54	51	1	125	118	3

9-6 续表 continued

单 位	Institution	技师/人 Technician /person	#获证人数 With Certificate	#当年获证 Getting Certificate of the Year	高级技师/人 Senior Technician /person	#获证人数 With Certificate	#当年获证 Getting Certificate of the Year
地方水利部门	**Local Water Resources Departments**	**36628**	**34170**	**2316**	**3157**	**2856**	**173**
北京市水务局	Beijing Water Authority	30	30	3	1	1	1
天津市水务局	Tianjin Water Authority	198	156		69	6	
河北省水利厅	Hebei Provincial Water Resources Department	2854	2690	43	16	15	
山西省水利厅	Shanxi Provincial Water Resources Department	2413	2145	92			
内蒙古自治区水利厅	Water Resources Department of Inner Mongolia Autonomous Region	1355	1204	30	1368	1234	24
辽宁省水利厅	Liaoning Provincial Water Resources Department	256	215	8	2	2	
吉林省水利厅	Jilin Provincial Water Resources Department	587	549	53	95	93	20
黑龙江省水利厅	Heilongjiang Provincial Water Resources Department	2357	2265	178	20	19	
上海市水务局	Shanghai Water Authority	14	14				
江苏省水利厅	Jiangsu Provincial Water Resources Department	899	883	91	110	107	11
浙江省水利厅	Zhejiang Provincial Water Resources Department	451	451		19	19	
安徽省水利厅	Anhui Provincial Water Resources Department	214	204	18	3	2	
福建省水利厅	Fujian Provincial Water Resources Department	293	279	17	3	3	
江西省水利厅	Jiangxi Provincial Water Resources Department	571	484	11			
山东省水利厅	Shandong Provincial Water Resources Department	184	180	5	48	47	1
河南省水利厅	Henan Provincial Water Resources Department	8013	7671	569	150	138	53
湖北省水利厅	Hubei Provincial Water Resources Department	3944	3660	105	689	669	28
湖南省水利厅	Hunan Provincial Water Resources Department	2815	2527	163	215	180	21
广东省水利厅	Guangdong Provincial Water Resources Department	28	27		2	2	
广西壮族自治区水利厅	Water Resources Department of Guangxi Zhuang Autonomous Region	218	214	18			
海南省水务厅	Hainan Water Authority	14	12		1		
重庆市水利局	Chongqing Water Resources Bureau	216	205	3	3	2	
四川省水利厅	Sichuan Provincial Water Resources Department	910	844	36	34	31	
贵州省水利厅	Guizhou Provincial Water Resources Department	87	82	14	3	3	
云南省水利厅	Yunnan Provincial Water Resources Department	665	603	135	1	1	
西藏自治区水利厅	Water Resources Department of Tibet Autonomous Region	9	6		2	2	1
陕西省水利厅	Shaanxi Provincial Water Resources Department	3027	2846	421	5	2	
甘肃省水利厅	Gansu Provincial Water Resources Department	2349	2349	260			
青海省水利厅	Qinghai Provincial Water Resources Department	589	337	14	10	9	2
宁夏回族自治区水利厅	Water Resources Department of Ningxia Hui Autonomous Region	163	163		4	4	
新疆维吾尔自治区水利厅	Water Resources Department of Xinjiang Uygur Autonomous Region	747	719	26	283	264	11
大连市水务局	Dalian Water Authority	50	50				
宁波市水利局	Ningbo Water Resources Bureau	77	76				
厦门市水利局	Xiamen Water Resources Bureau	8	8	1			
青岛市水利局	Qingdao Water Resources Bureau	6	6		1	1	
深圳市水务局	Shenzhen Water Authority	17	16	2			

主要统计指标解释

从业人员　指在各级国家机关、政党、社会团体及企业、事业单位中工作，取得工资或其他形式的劳动报酬的全部人员，包括在岗职工、再就业的离退休人员、民办教师以及在各单位中工作的外方人员和港澳台方人员、兼职人员、借用的外单位人员和第二职业者。不包括离开本单位仍保留劳动关系的职工。

Explanatory Notes of Main Statistical Indicators

Employees It refers to staff worked for governmental agencies, party and its administrative organizations, social groups, enterprises and non-governmental organizations at all levels, who have obtained paid salaries or other types of labor remuneration, including full-time employment, re-employed retirees, rural school teachers, hired staff and workers from HongKong, Macao, Taiwan areas and other countries, part-time staff and workers, borrowed staff and second-job staff and workers, but the staff and workers who has left the organization without ending their contracts are excluded.